本书为湖南省哲学社会科学基金青年项目:
梅山区域传统民居建筑基因识别与图谱研究
(项目编号:22YBQ084)研究成果。

梅山地区传统民居研究

李卫婷◎著

江西人民出版社
Jiangxi People's Publishing House
全国百佳出版社

图书在版编目（CIP）数据

梅山地区传统民居研究 / 李卫婷著. -- 南昌 ： 江西人民出版社， 2024. 8. -- ISBN 978-7-210-15771-7

Ⅰ. TU241.5

中国国家版本馆CIP数据核字第20244M3N06号

梅山地区传统民居研究

MEISHAN DIQU CHUANTONG MINJU YANJIU

李卫婷　著

责 任 编 辑：吴艺文
封 面 设 计：同异文化传媒

江西人民出版社 Jiangxi People's Publishing House 全国百佳出版社　出版发行

地　　址：江西省南昌市三经路 47 号附 1 号（邮编：330006）
网　　址：www.jxpph.com
电 子 信 箱：jxpph@tom.com
编辑部电话：0791-86898470
发行部电话：0791-86898893
承 印 厂：江西润达印务有限公司
发　　行：各地新华书店

开　　本：787 毫米 × 1092 毫米　1/16
印　　张：13.75
字　　数：210 千字
版　　次：2024 年 8 月第 1 版
印　　次：2024 年 8 月第 1 次印刷
书　　号：ISBN 978-7-210-15771-7
定　　价：58.00 元
赣版权登字-01-2024-621

新化县正龙村传统民居（杨智　摄）

新化县正龙村传统民居鸟瞰（杨升根　摄）

传统民居改造后实景图（杨智　摄）

干栏式民居山墙面（杨智　摄）

杨氏镇云贵堂（韩朝辉　摄）

传统民居天井组图（韩朝辉　摄）

封火山墙组图（韩朝辉　摄）

杨氏镇存厚堂（韩朝辉　摄）

自　序

美学大师宗白华先生曾说："所有艺术均综合于建筑。"中国传统民居建筑是中国传统文化中最为独特的部分，承载着深重的历史文化使命，是中华文化的重要承载者，对传承和弘扬传统文化起着至关重要的作用。

民居建筑不仅是简单的房屋，也是一个社区的缩影，承载着居民的生活方式、社会关系和文化传承。在中国的广袤土地上，民居建筑呈现出丰富多彩的地方特色和风貌。从北方的四合院到南方的水乡民居，每一种建筑形式都蕴含着当地人民对生活的理解和对美好生活的追求。民居建筑不仅是一种居住环境，更是一种文化的传承和表达。在中国的传统文化中，家庭是社会的基本单位，而民居建筑则是家庭的象征。通过代代相传的建筑风格、装饰元素以及家居布置，人们可以窥见古代社会的生活方式、道德观念和审美情趣。因此，民居建筑不仅是建筑艺术的展示，更是中华文化传承的活化石。

梅山传统民居所在的传统村落，历经千年风雨，承载了丰富的地理与历史文化资源。这些村落不仅是梅山文化的重要组成部分，更是梅山地区古老而神秘的象征之一。这些村落中的传统民居建筑，不仅是建筑形制的体现，更是当地居民生活方式和文化传统的真实写照。从这些古老的民居，我们可以看到历史的痕迹，感受到岁月的沧桑，体味到先民生活的智慧和勇气。

梅山民居作为梅山文化的物质载体，承载了丰富的文化内涵。通过对这些民居的研究和保护，可以更好地传承和发扬梅山文化的精髓，丰富我国传统民居的学术图谱。同时，这也为后人提供了珍贵的历史文化遗产，让人们能够更好地了解和感受古代百姓的生活状态和精神风貌，推动文化的传承和发展。

随着时代的变迁和社会的发展，民居建筑也在不断演变和更新。然而，它们始终保持着对传统文化的尊重和传承。通过对传统工艺和材料的运用，以及对传统文化的理解和发扬，人们致力于将民居建筑打造成为既满足现代生活需求又传承中华文化精髓的典范。在这个过程中，民居建筑始终扮演着不可或缺的角色，为中华文化的繁荣和传承贡献着重要的力量。

目录

第一章　环境与地域文化

第二章　梅山地区的传统建筑环境分析

第三章　梅山传统民居建筑材料与营造方式

第四章 梅山地区传统民居装饰与细节

第五章 梅山传统民居建筑装饰纹样

第六章 传统民居建筑美学表现与艺术特征

第七章　传统民居的研究与保护

第八章　传统民居继承性设计研究

第一章

环境与地域文化

第一节　地理环境

一、自然地理环境分析

梅山，是湖南雪峰山[①]在古代史书上的称呼。古代的梅山地区被描绘为一个地理辽阔的区域,《宋史・梅山蛮传》中记载:“上下梅山峒蛮，其地千里，东接潭，南接邵，其西则辰，其北则鼎，而梅山居其中。”[②]从中可知，古梅山地区往东为现在的长沙，南接近邵阳，西则临近沅陵，北边到达现在的常德，也即广义上的梅山。而狭义上的梅山是指以新化、安化为中心的地区。[③]尽管古代封建统治者将梅山居民称为“梅山峒蛮”，但实际上，主要是瑶族等少数民族。[④]清代同治《安化县志》也对梅山的范围进行了详细描述，其东至宁乡司徒岭，西至邵阳白沙寨，南至湘乡佛子岭，北界益阳泗里河。这两种说法基本一致，都说明了古代梅山地区的边界范围（见图 1–1）。

---

①　雪峰山（湖南省西南部到中部的大山）_ 百度百科（baidu.com）。

②［元］脱脱：宋史［M］. 中华书局，1977：14196–14197.

③　周明炬，向子睿，欧阳国辉 . 梅山古寨：安化大山里的传统村落及民居的营建智慧［J］. 中外建筑，2023（06）.

④《宋史・梅山蛮传》。

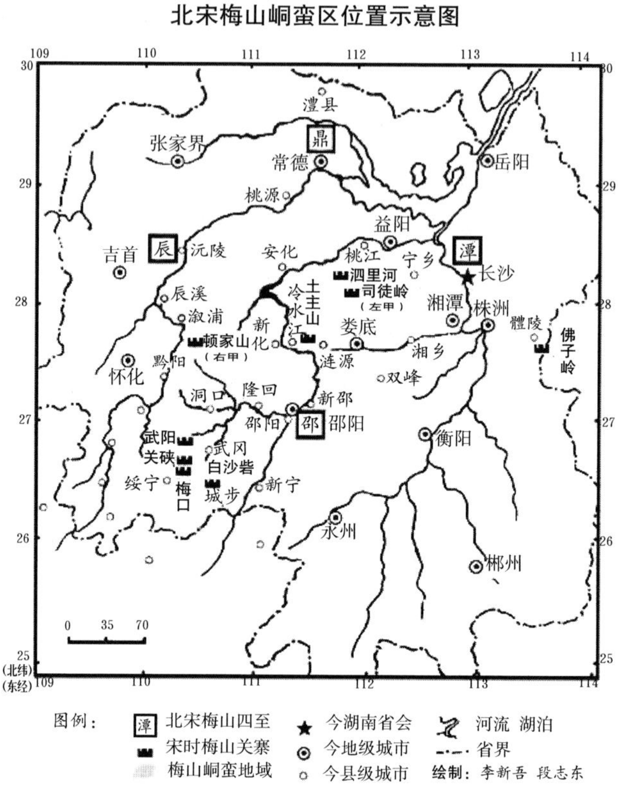

图 1–1　北宋梅山峒蛮区位置示意图（绘制源于：李新吾　段志东）

古代梅山的地理范畴涵盖了今日安化、新化两县，并延伸至新邵、隆回、涟源和桃江县的部分区域。这一地区经历了悠久的历史演进，在独特的地理环境、历史条件、文化背景及社会经济等多维因素的交互影响下，凝聚并衍生出一种富有鲜明个性的地域文化，即“梅山文化”。[①] 这一文化不仅体现在当地居民的生活习俗、建筑风格、艺术表现等外显层面，更深层次地镌刻在宗教信仰、祭祀习惯、社会组织等内在维度。梅山文化的形成与发展进程中，一方面吸纳并融合了周边地区文化的精华元素，另一方

① 谭盛明 . 浅论“梅山文化”的内容与特色［J］. 中华文化论坛，1997（04）：21–24.

面又保留了自身独特的地域特质，为中国历史文化的多元性谱系增添了别具一格的篇章。

梅山文化，发源于湖南省腹地的梅山区域，这里地势西向东倾斜，地貌类型多样，包括山地、丘陵、盆地和河谷。该地区山重峦叠嶂，土壤肥沃，气候温和湿润，降水丰沛，自然资源富集。作为亚热带季风气候区，梅山拥有茂密的森林、肥沃的良田和湿地，形成了“八山二水”的独特地貌。水系纵横交错，河流密布，其中资江和湘江尤为重要。这里风景如画，气候宜人，非常适宜人类栖居，因此古梅山先民在此世代繁衍，孕育出独特的梅山文化（见图 1–2）。

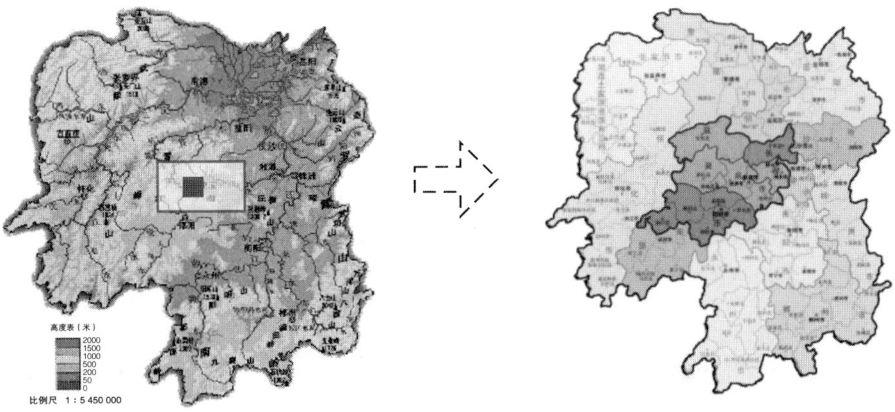

图 1–2　梅山区域示意图

梅山文化的形成和发展深深植根于其独特的自然地理环境，地理环境不仅为其提供了物质基础，也在很大程度上塑造了其文化特征。梅山地区地形复杂，山势险峻，这种地理条件在古代交通工具不发达的情况下，给居民出行带来了严重的交通障碍。崎岖的山路和密布的河流形成了天然的屏障，使得梅山地区与外界，尤其是中原地区长期处于相对隔绝的状态。由于地理环境造成的交通信息闭塞，导致梅山地区在很长一段时间内保持着相对封闭的状态。居民们主要依靠原始农耕维持生计，形成了自给自足的生活方式。相对独立的生存环境，为梅山文化的形成和保存提供了独特的土壤，使其得以在相对稳定的环境中发展，形成了浓厚的土著文化特色。正是由于这种地理隔绝和文化封闭，梅山文化得以保留其原始、古朴和神秘的特质。与外界有限的交流，使得梅山文化在很大程度上免受外来文化的冲击或同化，保持了其独特的文化面貌。这种相对封闭的环境，也为梅山文化的传承和延续提供了有利条件，许多古老的习俗、信仰和生活方式得以世代相传。然而，地理环境带来的封闭性也有其局限性。它在一定程度上限制了梅山文化与外界的交流和互动，导致其发展的某些方面相对滞后。尽管如此，梅山地区独特的地理环境和由此形成的文化特质，仍然是梅山文化最为珍贵的财富之一（见图 1–3）。

图 1–3　梅山文化区域青山绿野交相辉映——新化县天门乡

二、地形地貌与山脉分布

梅山区域位于湖南省中部，是一个独特的地理单元，其自然景观丰富多样（见图 1–4）。这一区域以资水和沅江的分水岭为界，构成了中国第二级阶梯的南段部分。古梅山区域的核心地带位于新化县，形成了一个独特

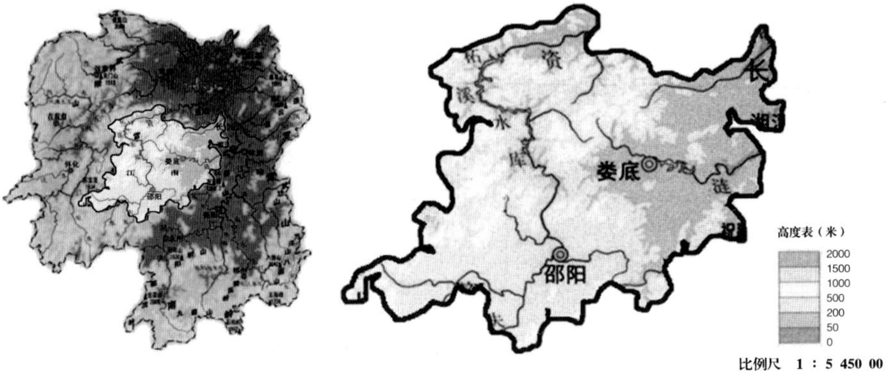

图 1–4　　湖南省梅山中部地形图

的地理格局。该区域的山脉呈东北至西南走向，呈现出明显的地形差异，西南段山势高耸，而东北段则逐渐过渡为山势平缓的丘陵和盆地地形。梅山区域的地理位置十分特殊，东临湘江，西近雪峰山，整体地势呈西南高、东北低的倾斜态势。值得注意的是，尽管地形变化明显，但大部分地区的海拔都不超过 500 米。这种独特的地形结构不仅塑造了梅山区域多样化的自然景观，也为当地居民的生活和文化发展提供了独特的环境背景。盆地的存在为农业发展和人口聚集提供了有利条件，而周围的山地则提供了丰富的自然资源和独特的生态环境。这种地理环境的多样性，为梅山文化的形成和发展奠定了重要的物质基础。①

梅山地区位于亚热带季风气候区，其独特的地理环境和气候特征深刻影响了当地传统村落的形态和居民的生活方式。这里常年雾气弥漫，日照时间较短，结霜期长，呈现出冬季寒冷干燥、夏季凉爽潮湿的气候特点。统计数据显示，梅山地区年平均气温为 12.7℃，多雾天数高达 250 余天，年均降雨量丰沛，达 1810 毫米，相对湿度高达 87%，年平均冰冻期长达 55 天。这种气候条件的形成与当地的山势和海拔密切相关，导致气

① 梅山（湖南安化县 – 新化县及其周边山区）_ 百度百科（baidu.com）。

候变化莫测，给当地居民的生活带来了诸多挑战。为了适应这种独特的气候环境，梅山地区的传统村落在建筑设计和日常生活中采取了多种适应性措施。例如，在建筑上注重防寒防潮，同时充分利用自然条件实现夏季纳凉。居民的衣食住行也随季节变化而调整，以应对气候的多变性。这种独特的气候条件不仅塑造了梅山地区独特的自然景观，也深深影响了当地居民的生活习惯和文化传统。①

第二节　梅山文化历史沿革

一、梅山文化的形成与发展

梅山文化作为中国传统文化的重要组成部分，与中原文化和荆楚文化并称为中华民族传统文化的三大祖源文化之一。这一独特的文化体系在梅山地区孕育而生，以其鲜明的地方和民族特色成为中国区域民间文化和山地地域文化的典型代表。梅山文化的形成和发展深受当地独特自然地理环境、复杂社会历史条件以及多样民族文化背景的影响，是这些因素长期相互作用的结果。梅山地区独特的自然环境为梅山文化的形成提供了物质基础，而复杂的社会历史变迁则赋予了这一文化深厚的内涵（见图 1–5）。早期被称为“梅山蛮”的本地居民，在与周边文化的交流和碰撞中，逐渐形成了具有鲜明特色的梅山文化。这一文化不是单一的、封闭的系统，而是在长期的历史进程中不断吸收、融合其他文化元素，形成了一个多元融合的文化复合体系。梅山文化的特质体现在其物质文化和非物质文化遗产的诸多层面。在物质文化层面，梅山地区独特的建筑风格、服饰特征、饮食习惯等都是其文化特色的直观体现。这些物质文化元素不仅反映了当地居民适应自然环境的智慧，也展示了梅山文化的审美取向和价值观念。在非

① 彭小洪，伍国正 . 梅山地区传统建筑类型及特色调查［J］. 湖南人文科技学院学报，2022，39（05）：51–55.

物质文化遗产方面，梅山文化更是展现出其丰富多彩的一面，传统的民间信仰、节庆习俗、音乐舞蹈、手工艺技能等，都是梅山文化的重要组成部分。这些非物质文化遗产不仅承载着梅山人的精神寄托和情感表达，也传承着梅山人的生活智慧和文化记忆。

1. 社会历史条件分析

传统民居环境深受文化和经济两大因素的影响。自秦汉至明清，湖南经济文化不断发展，湖湘文化也达到了前所未有的繁荣。工艺美术与建筑技术的进步，使得传统民居环境得到改善，传统建筑体系逐步形成。隋唐时期，社会稳定，人口增长，商业贸易发展，推动了文化、建筑等各领域的进步。元明清时期，手工业、工矿业、商业的发展以及世俗文化的普及，使湖南文化和建筑技术达到新的高度。建筑作为文化、经济、技术的综合体现，反映了湖南传统居住环境与人们生活的紧密联系，呈现出卓越特质。

文化的形成与历史的演进息息相关，是历史过程中的一种反映，梅山文化也不例外。对于梅山文化的历史发展，可以从不同阶段进行分析和解读，包括起源、发展、鼎盛、衰落和再兴等。梅山文化的根源可以追溯到古代黄帝与蚩尤的传说。据《史记》记载："（黄帝）南至于江，登熊湘。

图 1-5　云雾缭绕的大熊山

黄帝南伐，至于召陵，登熊山。”[①] 而大熊山位于湖南安化与新化交界之处，正是梅山文化的发源地。黄帝南下与蚩尤的战争导致了蚩尤部落向南方迁移，并将农耕文化带入此地。古代部落间的冲突或交流客观上促进了文化的传播与融合，这标志着梅山文化的萌发。

先秦至魏晋南北朝时期，梅山地区与中原王朝存在明显的地理环境和文化差异，梅山地区居民被称为“梅山蛮”，与中原政权隔绝，保留了部落联盟的社会形态。隋唐五代，中央政权试图加强管控，但因地理环境恶劣、文化差异大而未能奏效。唐代为缓解民族矛盾，颁布减税政策，促进了社会安定和农业发展。然而，唐中后期，官府腐败加剧了对梅山的侵略和压迫，引发“蛮夷”频繁反抗，直至唐末“十峒之众”汇聚。[②] 此后，梅山武陵五溪酋长割据一方，与马楚政权对峙。从宋朝到明代，梅山地区经历了中央政府控制力度和管理政策的多次变化，这一过程对梅山地区的社会形态、经济文化和民族特质产生了深远影响。宋朝时期，中央政府试图将梅山地区纳入国家政府体制，北宋初期采取南下进攻策略，遭到梅山蛮的激烈反抗。为缓和矛盾，政府改变态度，通过引入汉族移民和封建文化，试图改变梅山地区的生产生活方式。然而，这一举措并未完全成功，反而促成了梅山文化的鼎盛发展。[③] 梅山文化在吸收汉文化的同时，保留了自身特色，形成了独特的地域性民族文化。元代时期，元朝政府采取“以夷制夷”政策，安抚首领部族，但这一举措激化了梅山地区的内部矛盾，引发多次起义和对抗战争。明代时期，中央政府对梅山地区采取冷漠态度，减少管制，使其得以保留原始的生产生活方式。同时，梅山文化与周边地区文化交融，推动了梅山地区的稳定发展。然而，明朝后期，随着

① 曾维君 . 简论梅山历史与文化的发展过程及其特征［J］. 湖南工业大学学报（社科学版），2008,（3）：53–56.

② 何晓颖，伍丽霞 . 梅山文化旅游资源价值分析评价［J］. 浙江海洋学院学报（人文科学版），2007（01）：64–68+103.

③ 徐祖祥 . 梅山教研究的新突破与中华民族宗教文化的多维度理解——《中国西南少数民族梅山教研究》评介［J］宗教学研究，2022，（04）：274–280.

封建汉文化的不断渗透，梅山地区居民的生活和生产方式逐渐发生变化，传统的民族特质受到冲击。[①]

2. 民族文化融合变迁

梅山文化的产生受到了自然地理环境和社会历史变迁的双重影响。地理环境的独特性以及历史上的经济困境和交通闭塞都对梅山文化产生了深远的影响。然而，文化是一个不断演变的过程，其中最主要的推动力量来自人。人口的迁移和民族的融合推动了梅山文化的演进。

根据传说，蚩尤部落曾经南下定居梅山，这一传说不仅展示了梅山人民的毅力和勇气，也凸显了梅山地区地势险峻。在唐宋时期的征蛮战争中，大量汉族移民涌入梅山地区，促进了梅山文化的多元化和进步。各个历史时期的人口迁徙和文化交融共同塑造了梅山地区多民族长期共存的局面，形成了独具特色的梅山少数民族文化，体现了其鲜明的地域特色。

二、梅山非物质文化的主要内容

梅山地区的非物质文化源远流长，承载着丰富的历史和文化内涵，呈现出多种多样的形式。这种文化的多样性主要体现在四个方面：首先，民间信仰是其重要组成部分，梅山人民信奉各种宗教，如道教、佛教等，这些信仰贯穿于日常生活的方方面面。[②]其次，劳作方式反映了梅山人民勤劳朴实的生活态度和独特的劳动技艺，无论是农耕、渔猎还是手工艺制作，都体现了对土地和自然资源的珍视与利用。再者，民俗风情则彰显了梅山地区浓厚的民间传统和文化风貌，诸如节庆习俗、民间传说、服饰风格等，展现了当地人民的生活情趣和精神风貌。最后，艺术符号作为文化的精髓，包括了梅山独特的艺术表现形式和符号系统，如民间音乐、舞蹈、传统绘画等，这些艺术形式承载了人们的情感与思想，传承着梅山地区独特的艺

① 曾维君．简论梅山历史与文化的发展过程及其特征［J］．湖南工业大学学报（社科学版），2008，（3）：53–56、160.

② 李慧君．清代以来梅山文化圈猎神神像的类型与地域文化特征［J］．中国民族美术，2022，（04）：58–63.

术传统。因此，梅山地区的非物质文化展现了其丰富多彩的历史底蕴和文化魅力，为地方社会的发展和文化传承注入了强大的活力。

1. 民间信仰

梅山文化是一种独特的地域性文化，其核心内容是民间信仰，这种信仰神秘而古朴，是梅山文化的独特标志，也体现在当地的民俗风情和艺术表现形式中，彰显出梅山文化的独特魅力。梅山地区的民间信仰主要包括自然崇拜、图腾崇拜、祖先崇拜和梅山教崇拜等形式①，这些信仰在当地根深蒂固，对居民的精神生活产生了深远影响。自然崇拜体现了梅山先民对大自然的敬畏之情，将山川、河流、树木等自然事物视为神灵，通过祭祀等方式与之沟通。图腾崇拜则反映了梅山先民的族属观念和宗教情感，将某些动植物视为本族的保护神和象征物，通过崇拜图腾来追溯族群起源、强化族群认同。祖先崇拜体现了梅山先民对祖先的尊崇和怀念之情，通过祭祀先祖、供奉祖先牌位等方式，表达对先人的感恩和敬意。梅山教是当地特有的宗教形式，融合了道教、佛教和民间信仰的内容，对当地居民的精神生活产生了重要影响（见图 1–6）。

2. 劳作方式

梅山地区是苗族、瑶族、土家族、汉族等多民族聚居的地区，这些民族长期以来共同生活，逐渐形成了适应当地自然环境、气候条件以及生产生活需要的劳动方式。梅山地区的劳作方式具有独特性和多样性，主要包括农业劳动、渔猎砍伐、饲养劳动和工匠劳动等多个方面。② 在农业劳动中，梅山地区延续了传统的耕作方式，以水牛耕田、手工插秧、人工除草等为主要特点。同时，为了提高土地利用效率，当地农民采用了油菜 + 水稻、小麦 + 水稻、洋蓟 + 水稻等轮种模式，根据不同季节和自然条件，合理安排农作物的种植。③ 这种因地制宜、多样化的农业劳动方式，充分体

① 张泽洪．宋代开梅山及梅山教研究［J］．广西民族研究，2017，（02）：124–131.

② 刘楚魁，彭友华．梅山乡村非农事民俗［J］．怀化学院学报，2009，28（04）：10–13.

③ 海峡两岸宗教与区域文化暨梅山宗教文化研讨会在湖南召开［J］．湖南科技学院学报，2010，31（09）：225.

图 1–6　梅山图局部（供稿：李新吾）

现了梅山先民适应自然环境、发挥生态优势的智慧。除农业劳动外，渔猎山伐也是梅山地区重要的物质生产民俗。当地居民利用山区独特的地理环境，在山林中狩猎野兽、采集野菜果，在溪流中捕鱼捞虾，丰富了食物来源，也培育了勇敢坚韧、不畏险阻的性格特质。

工匠劳动同样是梅山地区物质生产的重要组成部分。梅山匠人凭借着传承几代的手工艺，创造出种类多样的生产工具和生活用品，如竹编、木雕、铁器等。这些手工艺品不仅实用耐用，而且饱含着匠人的智慧和技艺，体现了劳动人民的创造力。此外，梅山地区还形成了独特的山歌文化，如新化山歌等。劳动人民在田间地头，通过山歌这一艺术表现形式，抒发思想感情，传递喜怒哀乐。在农忙季节，梅山乡民通过歌师领唱的山歌、击鼓和打锣等形式，创造出一种独特的农家音乐，山歌竞赛在劳动中展开，假嗓音的领唱与合唱交替进行，营造出浓厚的游艺气氛和欢乐的劳动氛围。[①] 根据《新化县志》记载，梅山乡民常以打锣鼓来节省劳力，其中草锣鼓是最具特色的表现形式。[②] 这种勤劳与欢乐相结合的传统，使得农忙时节的劳动不仅充满乐趣，也展现了乡民们团结协作的精神。

3. 民俗风情

梅山地区作为一个多民族聚居区，长期以来不同族群的融合形成了多元化的人文环境。这种多元文化背景塑造了当地居民多样化的社会生活方式，呈现出了独具特色的“百里换乡风，十步是陌生”的景象。下面从饮食习惯、服饰特点、住所形式、器具使用和风俗习惯等几个角度，深入探讨和分析梅山地区独特而多样的民间生活习俗。

（1）饮食习俗

梅山地区拥有丰富的食材资源，孕育了多样的饮食品种，在漫长的历史发展中，梅山饮食文化受到多元文化的影响，形成了独具特色的饮食习俗。岁时节庆是梅山饮食文化的重要组成部分，体现了梅山先民对自然时序的敏锐感知和生活智慧。正月初七人日节，梅山人食用七菜汤，寓意人生添福添寿；立春时节，梅山人食用春饼，以生菜等蔬菜为馅，象征春回大地、万物复苏；三月初三，梅山人食用荠菜煮鸡蛋，荠菜味道清香，鸡蛋营养丰富，体现了时令饮食的特点；寒食节前后，梅山人食用冷荤，即不经烹饪的熟食，这一习俗源远流长，至今仍在民间广泛流传。梅山饮食习俗经过千年传承，一些习俗因时代变迁而消失，但更多习俗依然保留，成为梅山文化的重要标志。[③] 清明节则有吃“青粑”的习俗，用新采野菜、糯米粉等材料蒸制而成，颜色翠绿、味道鲜美、富有营养。六月伏日做汤饼，十月朔日则吃米花糖等应节食品。[④] 这些时令饮食习俗承载着梅山先

---

① 王亚平．乡土艺术的现实情怀与生存焦虑——常德鼓书艺术论略［J］．价值工程，2014，33（12）：319–320.

② 易永卿．梅山的由来与梅山文化的地位和影响［J］．湖南城市学院学报，2009，30（03）：32–37.

③ 方八另，徐益．论梅山菜文化与渊源［J］．湖南人文科技学院学报，2021，38（06）：22–29.

④ 唐新霖．清明时节清明菜［J］．中国花卉盆景，2010，（04）：13.

民对自然节气的敬畏之心，也是在长期的生活实践中积累的智慧。每逢佳节，当地各族人民都会遵循祖传习俗，以特色食品来庆祝，寄托着对丰收和吉祥的祈愿。这些习俗不仅丰富了梅山的饮食文化，也凝聚着乡亲对家园的眷恋和对美好生活的向往。

梅山独特的地理环境对茶文化的形成产生了重要影响。山高林密，耕地稀缺，但茶树能够在山崖水畔生长，为当地人民提供了重要的经济来源和文化寄托。梅山茶农利用有限的土地资源，精心培育茶树，传承制茶技艺，形成了独具特色的茶文化。梅山地区饮茶习俗源远流长，上溯至秦汉之际，茶叶生长的优越环境，宜人的气候、充沛的降雨和独特的地质条件，为茶树提供了良好的生长环境。明清时期，制茶技艺日臻成熟，梅山茶农种植茶叶，制作上等茶叶，其独特口感闻名遐迩。安化黑茶成为梅山茶叶的代表作，其中的"千两茶"更是梅山茶文化的典型代表。[①]梅山饮茶方式多样，主要有擂茶、煎茶、泡茶等，擂茶是老少咸宜的日常饮食，将茶叶与薏米、芝麻、豆子等原料放入擂钵中，用木槌擂碎，再冲入开水，便成了一碗香醇可口的擂茶。煎茶是将茶叶放入煎锅中，加水慢火煎煮，直至茶汤浓稠，色泽金黄，味道醇厚甘甜。泡茶则有盖碗茶、甜酒泡茶等多种创新方式，体现了梅山人民的智慧与创造力。茶文化与梅山文化相辅相成，深深植根于当地人民的生活习俗之中。传统的敬茶礼节，体现了梅山人民对长辈和客人的尊重；现代的"换茶"活动，则是对茶点的一种称呼，体现了梅山人对茶的重视和热爱。茶文化代代相传，成为梅山饮食习俗中不可或缺的一部分。

（2）穿戴习俗

梅山地区的传统穿戴习俗是当地文化的重要组成部分，它融合了中原文化、湘楚文化和地方特色，形成了独具魅力的服饰体系。梅山服饰不仅反映了当地人的生产生活方式、宗教信仰和风俗习惯，也体现了他们的审美观念和文化传承。无论是日常生活、宗教活动，还是民间活动、祭祀仪

① 千年安化　天下黑茶［J］. 中国乡村发现，2018，（01）：2.

式、婚丧庆典等重大节日和人生礼仪，梅山人都有与之相应的服饰礼仪。[①]在日常农耕劳作中，梅山人的着装朴素实用，妇女通常穿着长裤，在水田劳作时将裤腿卷起，以方便行动。外出拜访亲友时，尽管物资匮乏，经济条件有限，梅山人也要注重衣着的整洁得体。这里流传一句俗语："不嫌旧补丁，只嫌脏烂坏。"可见，梅山先民虽然衣着朴素简约，但十分重视衣物的品质和整洁。梅山人自古以来就有"浆衣"的习惯，即用淡米汤浸泡洗净的衣物，拧干晾晒，使衣物保持挺括洁净，增加耐穿性。这些习俗无不体现了梅山人对衣着品质的高度重视和精致追求。在宗教活动、祭祀仪式和重大节日庆典中，梅山人的服饰更加讲究，从头饰、帽饰，到衣服、手饰、足饰，再到各种装饰品，无不凸显梅山传统服饰的独特魅力。以梅山傩戏服饰为例，演员头戴高耸的纸帽，面具用糨糊黏连，服装色彩斑斓，造型夸张，充分展现了梅山先民的丰富想象力和巧夺天工的创造力。[②]这些服饰不仅反映了梅山地区的生产生活方式和宗教信仰，也体现了当地人的风俗习惯和审美情趣，通过这些服饰，可以一窥梅山文化的精髓所在。

（3）居住习俗

梅山地区居民建造住所有一套极为讲究的习俗，体现了当地人对美好生活的向往和对自然的敬畏，从选址到开工，从上梁到竣工，再到入住，每个环节都有大量的仪式和习俗，蕴含着深厚的文化内涵。[③]首先是选址，梅山人会综合考虑地理环境、水文条件、阳光照射等因素，选择最有利的建房位置。开工仪式也有独特的讲究，梅山人会在吉日吉时举行隆重的开工仪式，如祭拜鲁班等，祈求工程顺利进行，准备猪、鱼、鸡、鹅等祭品，摆上香烛、红纸、红绸等物品，燃放鞭炮，以示虔诚。上梁是建房过程中最为重要的环节，梅山人对此有许多传统习俗，首先会细心挑选梁木，一般选用当地的优质树木，认为这样能带来好运。在梅山地区，甚至还有"偷梁上梁"

---

① 林河．楚越文化的一个分支——梅山文化［J］．邵阳师专学报，1996，（01）：29-34.

② 彭子义．梅山傩戏服饰审美意象研究［D］．湖南师范大学，2020.

③ 李川．梅山地区民间信仰与传统建筑环境形态关联性研究［D］．湖南大学，2017.

的特别习俗，据老人讲，偷梁是“外财（材）入屋”，是发家致富的兆头，为的是大吉大利。上梁那天，主人会择定吉日良辰，摆设供桌，举行隆重的祭梁仪式，梁木上缠绕红绳，象征吉祥如意。[①]有的地方还要祭拜树神，感谢其恩赐，梁木吊装到屋顶后，主人会亲自监督安装过程，以示慎重。待梁木安装完毕，便要进行抛梁仪式，将糖果、花生、馒头、铜钱、金元宝等物品抛撒到地面，寓意财源滚滚来。竣工和入住也有许多习俗。竣工那天，主人会选择吉日，燃放烟花爆竹，庆贺新居落成。入住时，主人会选择良辰吉日，举行入宅仪式，燃香祭拜，祈求平安吉祥。

梅山地区民间传统丰富多彩，时令年节习俗、婚育仪式、丧葬礼俗等都具有独特魅力。在乡村地区，传统婚嫁仪式尤为讲究，一般包括提亲、下聘、定亲、迎娶、回门等环节，每个环节都有复杂的礼仪和习俗，体现了当地人对婚姻的重视和对传统的继承[②]。办丧事时，人们会依照传统习俗举行道场、守灵、相送以及祭七等丧葬仪式。当地的民俗节庆更是应景纷呈。比如，在农历新年时节，人们会祭拜灶君和祖先，赶年守岁，开关财门大门，舞龙灯表演唱颂土地。而在端午佳节，则有赛龙舟和女儿们回娘家的传统习俗。至于重阳节，居民们都会酿制美酒，登高远眺，欣赏秋日美景。子女们会探望老人，嘘寒问暖，祈愿健康长寿。重阳节习俗是梅山地区民间传统的重要组成部分，蕴含着尊老敬贤、亲情团圆的文化内涵，这些习俗共同构成了梅山地区重阳文化的独特风貌。

尽管部分习俗带有封建迷信色彩，在当代已经不再适用，应该予以摒弃。然而，这些习俗从某种角色来说，也蕴含着梅山先民在生产生活实践中所积累的集体智慧。

（4）传统马帮习俗

梅山地区自古以来就有独特的马帮习俗，是当地民俗风情的重要组成部分。据历史文献记载，早在蚩尤部落联盟时期，梅山地区就有了马匹的

---

① 易永卿 . 梅山的由来与梅山文化的地位和影响［J］. 湖南城市学院学报，2009，30（03）：32-37.
② 刘红梅，刘楚魁 . 梅山婚俗歌谣中的求子习俗［J］. 怀化学院学报，2005，（01）：21-23.

繁殖和使用，由于地处北方部族南下的要冲，梅山地区成为北方优良马种的重要繁殖地之一[①]。这些马匹不仅在军队运输、骑兵作战中发挥了重要作用，而且成为梅山地区与中原地区进行货物贸易的主要交通工具。北宋时期，朝廷为了镇压梅山地区，曾多次派遣骑兵前往征讨，梅山复杂的地形地貌，使得马匹成为不可或缺的交通工具。随着战事平息，马帮逐渐转变为民用商贸运输的重要力量。

梅山地区盛产茶叶，尤其是安化黑茶驰名中外，马帮将茶叶运往全国各地，成为传播梅山茶文化的重要媒介，由此，梅山地区形成了独具特色的茶马古道，成为中国历史文化遗产的重要组成部分。在梅山地区，马帮习俗不仅体现在运输方式上，也深深影响了当地的饮食文化。由于长途跋涉，马帮需要携带便于保存、易于制作的食物，于是，马帮饮食文化应运而生，例如风干腊肉、青稞面等，成为当地独特的美食。同时，马帮还传播了中原地区的饮食文化，如面食、豆制品等，丰富了梅山地区的饮食种类，马帮习俗也成为梅山地区重要的文化遗产。安化县的茶马古道，是梅山地区保存最为完好的茶马古道之一。沿途不仅有古栈道、古村落等历史遗迹，还有马帮文化博物馆、马帮文化主题公园等现代文化设施。每年，安化县都会举办茶马古道文化节，通过马帮表演、茶马互市等活动，再现当年的盛况。

三、梅山非物质文化的特征

非物质文化最明显的特征是无形性和活态性，梅山文化是梅山人在社会历史实践过程中创造的一种历史现象，无论从宗教信仰、劳作方式、民风民俗、艺术符号等内容和具体表现形式来看，都反映出独具特点的地域色彩和浓厚民族特色。

1. 原始性特征

人类学学者通过文化表征和群体边界的研究，发现近现代科技发展和

① 张璐．解读马帮文化艺术［J］. 艺术教育，2021，(12)：280–283.

交通设施改善对梅山地区文化认同产生了深远影响。实地调查表明，梅山地区的文化认同呈现出明显的地域差异性，在交通便利、现代化程度较高的地区，传统文化元素逐渐淡化，人们更容易接受现代文明的影响；而在大山深处的核心地带，如安化、新化等县，由于自然地理环境相对封闭，古梅山人的生活方式和文化精神得以较好地保留，这些偏远乡村仍然保留着许多原始文化元素，如古朴的丘陵自然景观、宁静淳朴的生活方式等，成为梅山文化的活化石[①]。

2.“蛮”性特征

在古代，梅山居民因其勇猛、顽强、好斗、尚武的性格特征而被称为“梅山蛮”或“梅山峒蛮”。这一称谓在中国古代常被用来指代长江流域以南地区的部落。梅山地区相对偏远，与中原文化的交流有限，因此保留了许多古老的传统元素。这片土地经历了悠久的历史沉淀，承载了丰富的文化底蕴。从文化角度来看，“蛮”所代表的不仅仅是一种原始状态，更是一种坚韧、强悍的文化特征，展现了古代梅山人民的独特风貌。

据史料记载，梅山人被描述为强悍的梅山蛮，反抗性强，叛服无常，表现出顽强的抵抗精神和不屈不挠的民族性格[②]。这个称谓的出现并非一时之间的，而是在古梅山那艰苦恶劣的生存环境中逐渐形成的。古梅山人在生存的巨大挑战面前，展现出了非凡的韧性和智慧。通过勤劳努力和精心计划，开发和利用有限的生存资源，形成了独特的生活方式和生存策略。这种艰苦卓绝的努力，塑造了梅山人“霸蛮”的性格特征，如勇敢、坚韧、不屈不挠等品质，成为梅山文化的精髓，代代相传。在梅山文化中，这种“蛮劲”体现在方方面面。梅山山歌以其生动活泼、诙谐幽默的特点，表达了梅山人的情感世界，成为传承梅山文化的重要载体。渔猎文化则展现了梅山人强悍、不怕死的精神特质，彰显了在恶劣环境中获取食物

① 张劲松．新化县梅山文化的特色及价值［J］．邵阳学院学报（社会科学版），2009，8（01）：11–14.

② 黎良军．邵阳（南路）话中的苗瑶语底层疏证——兼谈湘语邵阳话的形成［J］．广西师范大学学报（哲学社会科学版），2008，44（06）：36–41.

的顽强意志和过人胆识。梅山武术更是将这种精神发扬光大，将力量与技巧、勇气与智慧完美结合，成为梅山人生理和心理力量的象征。除了个人的努力，古梅山人还形成了独特的社会组织形式，如合作劳动、集体行动等，体现了合作精神和集体智慧，这些组织形式有效地整合和分配了稀缺的生存资源，增强了抵御外界压力的能力。

四、梅山非物质文化的价值

非物质文化遗产作为人类文明的重要组成部分，承载着重要的功能和使命，其多样功能不仅满足了人类对文化的需求，还在促进社会团结方面发挥了强大作用。非物质文化遗产在维护社会秩序和促进社会和谐中具有不可替代的社会重要性。同时，它在历史和文化传承方面发挥着重要作用，确保了代代相传的文化价值和历史意义。这些遗产的价值和意义不仅在于其丰富的内容和形式，更在于其对人类社会发展的深远影响和贡献。

1. 历史价值

梅山地区的非物质文化是研究其历史时期社会组织结构、生产力发展和科技水平的宝贵资源。通过原真记录和反映特定时代的历史特征，这些非物质文化媒介，如以张五郎为核心的神话故事（见图 1–7）、民间叙事和口头传承，生动展现了梅山先民的创造智慧与认知体系。这些文化形式不仅包括文字记载，还包含了音乐、舞蹈等多种表现形式。说唱弹词等代代相传的文化形式，风格质朴随意，形式惟妙惟肖，不仅保存了蛮荒古祭、开拓创业和英雄史传，还反映了丰富的民族风俗。作为梅山文化的重要组成部分，这些历史财富为现代研究提供了珍贵的资料，帮助人们更好地理解和传承这片土地上的文化精髓。

2. 精神价值

梅山地区的非物质文化遗产在其历史社会环境中，展现了独特的民族生产生活方式和风俗习惯，凝聚了梅山族群的集体智慧。这些遗产蕴含着丰富的文化基因和精神气质，反映了梅山人为了生存发展所形成的独特文化特质，这种民族精神体现在梅山人民的行事作风和生活举止之中，尤其在逆境中展现出的团结一心、自强不息、坚忍不拔的品格，已然成为梅山文化的基本标志。千百年来，梅山民众在严酷的自然环境和社会环境中砥砺前行，锻造出“吃苦耐劳、勇猛刚健、坚忍不拔、视死如归”的精神品格，并将其内化为价值理念和精神追求，成为推动梅山文化发展的内生动力。

图 1–7　张五郎木雕

非物质文化遗产承载着民族精神，是民族性格和气质的真实写照。随着时代变迁，一些非物质文化遗产的地位和功能虽有所弱化，但作为民族精神的见证和情感的寄托，其意义和价值却更加彰显。这些凝聚了民族传统、历史和文化精髓的遗产，不仅体现了民族的独特历史脉络，更连结了过去、现在与未来，为民族认同和凝聚力提供了持久的精神支撑和文化根基。非物质文化遗产象征着民族的精神家园，是民族赖以生存发展的文化命脉，其传承发展关乎民族的精神认同和文化认同。

3. 艺术价值

古梅山地区地势险峻，群山环绕，河流纵横，形成了天然的屏障；加之交通闭塞，道路崎岖，与外界联系不便，当地形成了自给自足、自娱自乐的世外桃源[①]。与世隔绝的环境造就了古梅山人独特的生活方式和文化特质。古梅山人因缺乏文字表达的工具和条件，但以智慧和创造力，通过形态各异的艺术符号传达思想、交流信息和记录生活，形成了独具特色的文化。这些文化涵盖丰富、形式多样，从口头传说到物质载体，从表演艺术到手工技艺，无不彰显着梅山先民的聪明才智和审美情趣，成为梅山文化

① 徐跃光 . 从地域文化演变看梅山商埠历史风貌［J］. 美术观察，2006，(10)：115.

图 1-8 梅山山歌（源于美丽乡村土坪村特色节目夜画瑶峒会演）

的重要组成部分，包括神奇瑰丽的神话传说、气势磅礴的史诗、婉约动人的诗歌、翩翩起舞的舞蹈、娓娓道来的弹词、热闹非凡的傩戏、悦耳动听的山歌（见图 1-8）、欢快活泼的地花鼓、形象生动的皮影戏、诙谐幽默的被套戏、栩栩如生的布袋戏、巧夺天工的梅山剪纸、古朴厚重的滩头木版年画、精巧细致的竹编技艺、朴实无华的草编技艺、刚柔并济的武术、细腻精湛的花瑶挑花和玲珑剔透的竹刻。

梅山民间表演形式多种多样，从音乐到舞蹈，无不展现着当地民众的创造力和想象力，这些表演世世代代传承和发展，以其独特的民族风情，如服饰道具的别具一格；优美的歌舞形态，如动作表情的细腻传神；浓郁的生活气息，如题材内容的贴近现实；热闹隆重的场面，如演出阵容的宏大多元，逐渐成长为一种仪式性、习俗性的民俗文化现象[①]。无论是在重大节庆，还是在婚丧嫁娶等人生礼仪中，这些表演都扮演着重要的角色，寄托着人们的情感，体现着社会的价值观念。梅山民间表演不仅是一种艺术形式，更是一种文化载体，彰显了

① 曾逊倪．梅山文化中的民族民间舞蹈挖掘［J］．湖南人文科技学院学报，2011，（02）：51–53.

梅山民间文化源远流长的艺术魅力，积淀了当地民众世代传承的集体记忆和情感认同，成为梅山地区独一无二的艺术瑰宝。如梅山傩戏是当地民众在举行各种傩事活动时扮演的重要节目，常见于祈福、求子、驱邪等仪式[①]。傩戏通过夸张的表演、丰富的道具、神秘的面具等元素，营造出一种神圣而喜庆的氛围，既能娱神，又能自娱。傩戏中的角色多为神灵、英雄或祖先，表演者通过模仿其言行举止，一方面向神灵表达敬意，祈求庇佑；另一方面也寄托着民众对美好生活的向往和追求。同时，傩戏也是一种集体狂欢的方式，人们通过参与表演、观看演出，释放情绪，增进感情，强化社区归属感。傩戏融合了舞蹈、音乐、戏剧等多种艺术形式，具有浓郁的宗教色彩和强烈的地方特色，体现了梅山民间文化的多样性和包容性。傩戏不仅具有娱神和自娱的功能，更承载着梅山人传承信仰、表达情感、构建秩序的文化使命，是梅山非物质文化遗产中的重要组成部分（见图 1–9）。

图 1–9　梅山傩戏

① 赵书峰．古梅山峒区汉族梅山教仪式音乐活动实录——以湖南省隆回县金石桥镇益门村“和娘娘”为例［J］．歌海，2013，（02）：9–14.

梅山剪纸（见图 1–10）、滩头木版年画、梅山功德图、花瑶绣花、竹编以及梅山武术等梅山民间技艺类遗产，以创意新颖的图案构思与精湛的制作工艺进行巧妙合理的组合，不仅极具中国传统美学元素，更生动体现了梅山人独树一帜的思维方式和审美情趣，展现出梅民原生态之美的野性与质朴，具有独特的艺术感染力，不仅是直观的民族文化缩影，也是熠熠生辉的民族工艺瑰宝。

梅山剪纸以其独特的造型、丰富的题材和精湛的技艺，展现了梅山民间艺人的非凡创意和审美情趣①；滩头木版年画源远流长，历经数百年的传承与发展，以其古朴厚重的风格、吉祥喜庆的内容，成为梅山人迎新送旧、祈福纳祥的重要载体；梅山功德图融合了绘画、书法、刺绣等多种技艺，以其精美绝伦的构图、华丽多彩的色调，表达了梅山人对美好生活的憧憬和对先祖的追思；花瑶绣花以其细腻精致的针法、多姿多彩的图案，体现了花瑶妇女心灵手巧、追求美好的品质②；竹编（见图 1–11 ）技艺高超，以竹为材，以巧夺天工的编织技法，创作出实用与美观兼备的器物，彰显了梅山人就地取材、物尽其用的智慧；梅山武术（见图 1–12）以其刚柔并济的招式、虎虎生风的气势，展现了梅山人不屈不挠、勇往直前的精神。这些技艺不仅是直观的民族文化缩影，浓缩了梅山人世世代代的生活智慧和文化精粹，也是熠熠生辉的民族工艺瑰宝，展现了中华民族非物质文化遗产的独特魅力。

梅山地区的传统建筑选址于怡人的自然环境，傍水而居、依山而筑。建筑师们巧妙地利用山间的缓坡、溪谷、岩石等自然条件，因地制宜地营造出一处处宜居之所。这些建筑充分利用山区陡坡和河岸陡峭的复杂地形，或依崖而建，或临水而筑，或高低错落，或曲径通幽，创造出最适宜环境、最经济合理的居住方式。无论是院落式民居，还是吊脚楼、竹楼等特色建筑，都体现了梅山先民对自然环境的尊重与利用，对生态平衡的追

---

① 莫丹华 . 论梅山剪纸的造型特征［J］. 艺术教育，2016，(06)：249–250.

② 王旭，李彦 . 瑶绣图案元素的提取与再设计［J］. 艺术品鉴，2019，(14)：189–190.

图 1–10　梅山剪纸（洋溪纸马）

图 1–11　梅山竹编（古塘竹编）

图 1–12　梅山武术

求与维护。从营造理念、建筑色彩、装饰特色乃至生态艺术价值体现，梅山传统建筑皆对后世建筑规划设计有着重要的指导和传承意义。这些建筑不仅展现了先人的智慧与创造力，也蕴含着丰富的文化内涵和审美价值。比如，建筑材料多取自本地，如石、竹、木等，体现了就地取材、物尽其用的理念；建筑色彩多采用朴素、自然的色调，如青灰、土黄等，与周围环境相协调，彰显了天人合一的思想；建筑装饰多融入吉祥、祈福的元素，如门窗雕刻、墙壁彩绘等，反映了人们对美好生活的向往。这些特点不仅为后人提供了宝贵的建筑设计灵感，也为现代生态建筑、绿色建筑的发展提供了有益启示。因此，梅山传统建筑不仅是一笔宝贵的文化遗产，更是促进人与自然和谐共生、推动可持续发展的重要资源（见图 1–13）。

4. 科学价值

梅山非物质文化作为重要的历史遗产，反映了当时的生产力状况和科技发展水平，展示了人类的创造力和思想认知深度。梅山民间的风水学说，强调背靠群山、面朝水源的布局，体现了梅山人对山川、溪流、动植物等自然元素的崇敬和人与自然和谐共生的理念。这种人居环境的良性循环，体现了天人合一的哲学思想，对当代建筑学、景观学以及绿色环保理

图 1–13　梅山建筑

念都有深远影响，有助于提升人们的身心健康与和谐统一的居住环境理念。此外，梅山的传统医疗经验和孟公酿酒传统技艺中蕴含着科学因子和科学成分，提供了丰富的科技知识来源，具有重要的科研价值。

梅山地区承载着丰富多彩的传统时令节日风俗，诸如芒种时节的“青节”仪式、立春之际的“封刀节”等民间岁时节令及相关的习俗活动，实则凝聚了古梅山人与自然环境亲密交往、相互馈养的经验智慧结晶。例如，“青节”仪式通过祭拜山神、祈求风调雨顺，表达了人们对丰收的期盼；“封刀节”则通过“封刀”、祭祀等仪式，表达了人们告别寒冬、迎接春天的喜悦之情[①]。这些节令习俗及其所承载的活动，反映了古人对自然界运行变化规律的深刻认知，是在与大自然的亲密接触中逐步积累、提炼而成的宝贵经验总结。古梅山人依此科学规律和实践经验，指导农、林、渔、牧业的生产实践，恪守自然界的运行定律，又融入了生命自身的节奏韵律，充分体现了人类对自然万物和生命节律的崇敬与尊重。

在当代社会，尊重自然规律、顺应生命节律的文化技术理念及实践经验，对于现代人的生活方式而言仍具有极其重要的积极意义。这不仅能促使人类更好地适应所处的自然环境，实现与自然和谐共生，更有助于人类实现可持续发展的生存模式。古老的节令习俗及其蕴含的科学智慧，昭示了人与自然应当和谐共生、相互依存的重要道理，这一理念的当代价值应当被充分重视和传承。梅山独特的节令文化，正是人类保护自然环境、追求可持续发展的文化基因之一，其精神内核值得认真学习和深入探究。

梅山人民长期栖居于相对封闭、与外界交流有限的地理环境中，这种特殊的生存条件和历史背景，使得他们主要依赖自身的力量来应对疾病困扰和健康挑战。基于长期的经验积累和代代相传的智慧结晶，梅山民众逐步积淀了大量宝贵的健康养生、防病治疗的民间经验。譬如，梅山人善于在端午节时采撷草药、制作芳香香包，以祛除病邪、保健强身；而在六月初六则会举行“晒霉”和“洗毒疮”等传统仪式，借助日光和水的净化力

---

① 黄钰，俸代瑜．瑶族传统节日文化［J］．广西民族研究，1994，(04)：23-35.

量来涤荡身心、祛除疾患；冬季时也常采摘桑叶并储藏雪水备用，以预防冬春之交的流行疫病[①]。这些做法虽然看似朴素，却蕴含着深厚的中医药理论基础和实践智慧。当地土生土长的金银花、丁香、苍术、青蒿、菖蒲、艾叶、车前草、薄荷、白芷和细辛等中草药不仅芳香馥郁，更具有祛风驱邪、防疫避秽的药理功效。梅山人对这些草药的认知和运用，既彰显了对自然环境的熟稔和利用，也反映了防病治病、追求健康的强烈意愿。

在梅山地区，刮痧、燃火和熏艾是家喻户晓的简易实用治病方法，其简便的操作和有效的疗效，深受当地居民的信赖，展示了梅山地区丰富的中医药文化和传统智慧[②]。事实上，梅山地区的独特地理环境和人文环境，造就了当地民众对家乡药草资源的充分认知和广泛利用，也孕育了对疾病防治的独特体认和实践经验积累。长期以来，当地人民总结了丰富的疾病防治经验，并将之系统化，形成了一整套完整的民间医疗理论体系。这种理论体系虽源于实践，却并非完全经验主义，更贯穿了科学性与理性思维，蕴含着深刻的哲学智慧。

梅山传统木构建筑是当地匠人智慧和技艺的结晶，展现出独特的设计理念和高超的建造工艺水平。从设计到营造，从雕刻到彩绘，每一个环节都体现了梅山匠人对细节的精心处理和艺术追求。比如在建筑材料的选择方面，采用当地的木材、石材和砖瓦等天然材料，通过精心选择和巧妙利用材料固有的色泽、纹理和质地特征，营造出与自然和谐共生的建筑空间，展现出返璞归真的天然之美。在建筑细部，梅山匠人通过精湛的雕刻手法和精致的油漆技艺，赋予每一处细节以生命力，既保留了材料的天成性能，又形成了独特的视觉和触觉体验。

梅山传统木构建筑的结构设计严谨而简练，横向采用梁体支撑，纵向则以柱架承重，各个构件之间通过榫卯结构巧妙连接，形成了简单而牢固

---

① 邬伟魁，陈繁华，严倩茹，等．梅州客家民间医药研究概述［J］．中国中药杂志，2013，38（22）：3984–3987.

② 姜又春．梅山宗教的医疗民俗［J］．民族论坛，2012，（04）：28–32.

的整体结构。这种结构设计不仅体现了先人的营造智慧，也蕴含着深刻的科学原理。从建筑布局到雕刻装饰，无不体现出生态智慧和审美情趣的高度统一。梅山人在长期与大自然亲密接触的过程中，积累了丰富的建筑知识和工艺技能，并逐步形成了一整套完整的理论体系。这一理论体系虽源于实践，却并非纯粹的经验主义，其中贯穿着科学性思维和理性精神，凝聚了梅山人对自然规律和哲学智慧的深刻认识。

梅山一带的农耕传统中，先民发明了筒车、水车等利用风力和水力进行灌溉的巧妙装置，还有传统碾房中的水碾等①。这些创造性的发明体现了当地农人善于从自然规律中汲取智慧，高效利用周围环境资源的科学思维。例如借助气流带动水车旋转抽水入田，不仅减轻了劳作强度，更彰显了古人顺应天道、与自然和谐相处的理念。孟公黄酒则是梅山地区极富特色的非物质文化珍品，其酿造工艺源远流长，悠久传承。当地丰沛的水资源、高湿气候以及含矿质丰富的冰碛岩土壤等独特的地理环境，为这种地方特色酒的酿制提供了绝佳的天然条件。在孟公黄酒的整个生产过程中，从原料选取、发酵到工具使用、温度控制，再到陈年贮存的土质甄选、密封材料的挑选等，每一个细节都体现了严谨细致的工艺要求。其中还融入了中医药理，如添加特定药材与酒相配，并采用冷冲、汤制、混合等不同的药酒炮制技艺，蕴含着中华医药学的科学内涵。这种黄酒不仅醇香浓郁、口感独特，还能够补气养血，具有很好的养生保健功效。

5. 社会价值

非物质文化遗产在促进个人、群体、地域和民族之间的和谐共处方面发挥着重要作用。梅山地区丰富多彩的非物质文化遗产，如同一个个文化基因，承载着维系社会和睦、保障民族文化持续均衡发展的重任。深藏于非物质文化遗产中的民俗礼仪、节气禁忌等，凝结了丰富的伦理规范和行为准则。这些文化元素不仅起到规范人们思想行为的作用，也为后代

---

① 黄雪嘉，沈守云，胡希军，等 . 梅山地区文化遗产分布时空特征及其与自然环境的关系［J］. 经济地理，2024，44（03）：218–228.

树立了为人处世的典范，涵养了良好的社会风尚，彰显了以和为贵的价值理念。以梅山的林业生产为例，当地流传着“采漆只开三口”“采棕门只取三层”“伐木的五不准”等禁忌习俗①。这些习俗的目的在于约束人们对山林资源的过度开发，从而维护自然生态的平衡，实现人与自然的和谐共生。

梅山各类民俗文化活动，如传统的龙舟竞渡、热闹的民歌演唱等，常常将当地居民和游客聚集在一起，团结协作共同参与，不仅增进友谊、培养感情、增强民族凝聚力，而且加深了人们对梅山民族传统文化的认同。梅山戏曲、民谚、书画等艺术形式蕴含的文化内涵，多以忠孝仁爱、勤劳诚信等优良品格为主题，通过生动的艺术表现形式，将这些美德深深铭刻在人们心中。这些艺术作品犹如一面面精神的旗帜，高扬道德风尚，弘扬社会正气，凝聚起民众的向心力，为梅山地区和谐稳定的社会秩序贡献了力量。

6. 经济价值

梅山地区的非物质文化遗产资源丰富，包括宗教信仰、生产劳作习俗、民族风情习俗和多种艺术形式，展现出浓厚的民族特色和地域特色。随着现代商品经济社会的发展，这些文化资源逐渐被转化为具有经济价值的生产要素，形成了梅山地区的竞争优势。梅山剪纸等民间工艺因其美学价值和文化内涵，具有巨大的市场潜力，能够实现经济价值的转化。旅游产业作为第三产业的重要组成部分，成为梅山经济增长的驱动力。田园风光、民居建筑、生产方式和民俗风情等元素构成了丰富的艺术符号，成为旅游开发的核心内容。梅山经济发展的政府和旅游主管部门积极推动非遗旅游资源的开发，提升了当地的旅游竞争力。通过文化旅游资源的开发，梅山地区的非物质文化遗产得以融入旅游产品线路中，创造了显著的经济效益和社会效益。观赏价值和体验价值的结合，使游客能够深度体验梅山的文化魅力，进一步推动旅游经济价值的提升。整体而言，非物质文化遗产在梅山地区的旅游开发中发挥了重要作用，既促进了经济效益的增长，

① 刘楚魁，彭友华 . 梅山乡村非农事民俗［J］. 怀化学院学报，2009，28（04）：10-13.

又实现了社会效益的提升。

7. 文化兼容性

梅山文化是一种融合了狩猎文化和农耕文化的独特文化体系，体现了土著文化与少数民族文化的深度交融。远古时期，梅山地区的渔猎生计方式逐渐演变为农业生产方式，成为主导经济活动。随着人口迁徙，中原文化与梅山文化发生了碰撞交锋，外来文化逐渐被中原人和汉族人接纳和尊重，融入当地的生活习俗。梅山地区的民族性格因此展现出包容开放、融合互鉴的特点，族裔文化在此交汇渗透，形成了代代相传的文化传承。安化、新化和隆回等地，作为梅山文化的核心区域，保留了丰富的少数民族传统文化遗产，这些遗产不仅是梅山文化的重要组成部分，也为研究民族文化交融提供了宝贵的资源。梅山文化的独特之处，在于其根植于当地延绵悠久的狩猎传统，又吸纳了后来农耕文明的养分；同时融合了土著和少数民族的文化基因，又与外来的中原文化发生了深层次的碰撞交融。这种“狩猎—农耕”“本土—外来”的双重文化渗透，造就了梅山文化包罗万象、多元共存的特质[①]。从远古到今天，无论是生产生活方式，还是精神价值理念，都蕴藏着丰富的文化基因，呈现出多元一体、交相辉映的独特景象。

① 邹阳，付庆伟．挖掘、转化、延续——原型优化法在梅山文化主题公园建筑设计中的运用［J］．装饰，2015（12）：85-87.

第二章

梅山地区的传统建筑环境分析

《易经》中曾写道："上古穴居而野处，后世圣人易之以宫室，上栋下宇，以待风雨。"① 人类从最早的野外穴居逐渐演化为以家庭为单位的聚居生活。起初，人们将居所视作避风避雨的场所，以维护生命的延续。随着社会的演变，人类的生存空间经历了显著的变化。从原始社会的穴居和巢居，逐渐发展到土坯房和茅草屋，再到木质建筑和现代的水泥砖房，建筑形式不断演变，生存环境逐步改善。在这些不同的居住形态中，人类不断适应和改进，以满足繁衍和日常活动的需要。每一种建筑形式都代表了当时社会的发展水平和人类对居住环境的需求，从而推动了人类文明的不断进步和繁荣。

建筑场所受多种要素的影响，包括居住地点、地理位置、规模、组织形式和社会结构等（见图 2–1）。与此同时，梅山地区的环境场所展现出强烈的地域性，融合了独特的自然环境、生产环境和文化环境，形成了独具特色的空间居住模式。这种模式不仅是一种典型模式，更是一种稳定且完整的模式，反映了该地区的建筑环境和乡村生活的独特特点。在梅山地区的建筑环境中，充分体现了当地的人文内涵，融合了生产生活过程中的自然环境、经济条件和社会文化背景，使其成为一种既传统又现代的居住形式。一方面，梅山地区独特的自然地理条件，如山地地形、温湿气候等，

① 王道正 . 易经全本详解［M］. 四川大学出版社：497.

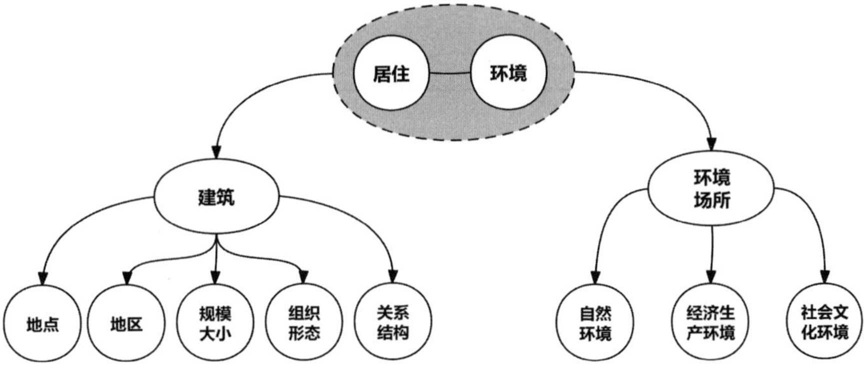

图 2-1　建筑环境的生成示意图

为当地建筑环境提供了得天独厚的形成基础。另一方面，梅山地区居民在农耕生产和乡村生活中积累的丰富经验，也成为塑造建筑环境的重要力量。同时，梅山地区深厚的历史文化底蕴，如乡土文化、宗教信仰等，也在建筑环境中得到了充分体现。这些场所是居民长期生产和生活经验的产物，展现了当地乡村居住的独特特征。

第一节　梅山传统建筑环境的塑造与演变

梅山地区建筑的发展和变迁，是在当地独特的自然环境、历史背景和经济状况的综合影响下，经过长期的历史演进而逐渐形成的。村落的位置选择、空间结构安排以及建筑样式的塑造，都深受自然地理条件、历史文化积淀和经济发展水平等多重因素的交互作用。

梅山地区独特的自然地理环境和气候条件为古代梅山先民的生存发展提供了坚实的物质基础。梅山地区地貌类型多样，涵盖山地、丘陵、盆地和河谷等多种地形特征。该地区土壤肥沃，气候温和湿润，属于亚热带季风气候区，为自然资源的富集提供了优越的条件。这些得天独厚的自然条件不仅促进了农业的发展，也为人类的栖居提供了理想的环境，使梅山成为一个富饶且宜居的好地方。历经漫长岁月的演进，梅山人逐步实现了从适应自然到利用自然再到改造自然的过程，与周围环境形成了持续的互动关系。因地形复杂多变，梅山居民因地制宜地开发利用土地资源，形成了耕地、林地、居住区和渔业用地等多种用地类型。顺应梅山地区山高谷深的地形特点，当地居民多选择在山间谷地营建聚落，依山就势，因地制宜地修建道路。房屋建筑错落有致地分布在山坡上，高低错落，层次分明，外观形态丰富多样，体量较小，占地相对紧凑，最终形成了独具梅山特色的建筑风貌和村落肌理（见图 2-2）。

梅山地区的历史变迁造就了独特的乡村建筑环境。梅山人在长期的村落建设中积累了丰富的建筑经验，形成了适应村落聚居形式的独特建筑风格。这里的乡村建筑环境在社会历史发展的进程中，始终与历史文化背景相协调，展现出浓厚的地方特色。梅山的村落布局、建筑形态、建筑结构、色彩和纹样都体现了乡土风貌和深厚的历史文化内涵。尽管经济条件相对落后，山区乡村主要以自给或半自给为经济特征，但丰富的水资源为生产活动和小范围的贸易活动提供了基础，使得这些村落能够在封闭或半封闭的循环中维持生活。梅山人的住所建设不仅充分利用了当地丰富的自然资源，还体现了对传统文化和历史背景的尊重，形成了具有鲜明地方特色的建筑风格。

在古代，梅山部落位于南蛮腹地的梅山地区，通过开垦耕种、渔猎打

图 2-2　紫鹊界梯田

猎和农业耕种，形成了多元化的生存方式[①]。部落的原始村落多选址于河谷、近水地带和山林平地，这些区域不仅为渔猎和打猎提供了丰富的资源，还为农业耕种提供了肥沃的土壤和充足的水源。得益于这些优越的自然条件，梅山部落得以繁衍生息，逐渐形成了独特的文化和生活方式。秦汉时期，村落逐渐扩展，形成乡村聚落雏形。宋元时期，梅山地区鼎盛发展，水稻种植和渔猎技术成熟，村落规模扩大。明末清初，战乱频发，梅山人聚集在山林之中，村落隐匿于森林。清朝以后，外地移民迁入，带来多元文化，推动农业、商业和副业发展，为乡村聚落奠定良好物质基础。清政府加强扶持，兴建公共设施，形成完善村落体系。清末，政治腐败、战乱频繁，水土流失严重，农业衰退，乡村聚落发展停滞。民国时期，战争和政治因素导致文物古建遭破坏，乡村聚落体系变化，直至改革开放前夕。[②]

一、梅山传统建筑环境的构成

建筑环境的发展既依赖于先进的建筑技术，也遵循美学规律，将物质与技术有机结合，追求实用性与美观性的平衡。建筑不仅反映了自然环境的特征，还体现了文化态度、宗教情感、哲学思想和伦理规范[③]。建筑的艺术情趣和审美理念通过其物质表现形式得以展现，反映了社会发展的进程。在设计居住环境时，舒适、便利和美观是核心追求，建筑的地域性必须考虑当地的自然条件和气候特点。同时，建筑需要满足人们的使用需求和审美需求，确保其在功能性和美观性方面都达到最佳状态。

梅山地区的居住空间随着生活需求的变化而不断演变，从而体现出丰富的物质空间与村落文化的融合。该地区的居住空间不仅承载了当地居民的信仰和风俗习惯，还反映了独特的生产方式和宗法体制，与此同时，村落的

① 彭小洪，伍国正 . 梅山地区传统建筑类型及特色调查［J］. 湖南人文科技学院学报，2022，39（05）：51–55.

② 熊莹 . 基于梅山非物质文化传承的乡村建筑环境研究［D］. 湖南大学，2015.

③ 罗源 . 现代建筑与传统文脉的交融［J］. 重庆交通学院学报，2005（05）：91–92+103.

道德规范和非物质文化在乡村建筑环境中得到了传承和体现①。梅山地区的建筑环境展示了独特的地域风貌和深厚的文化内涵，成为研究地方性文化和乡村社会结构的重要案例。梅山建筑环境作为一个复杂的复合体，结合了物质空间与非物质氛围的多重要素。一方面，建筑实体、空间布局、材料工艺等有形要素构成了建筑环境的物质载体；另一方面，村民的生活方式、价值观念、审美情趣等无形要素则赋予了建筑环境以深刻的文化内涵。二者相互依存、互为表里，共同决定了建筑环境的性质、功能和特征（见图 2–3）。

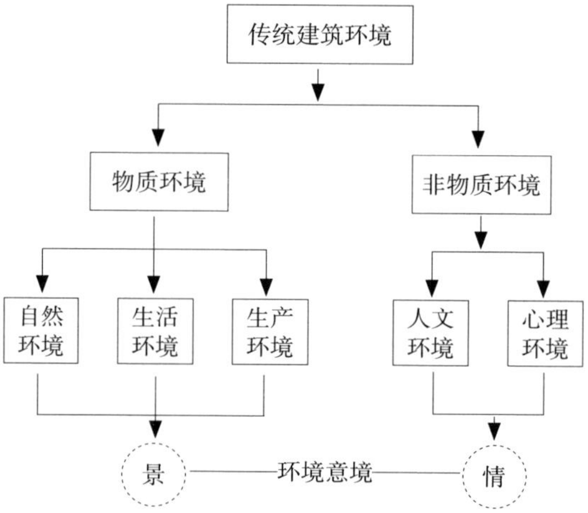

图 2–3　梅山传统建筑环境的物质环境和非物质环境构成示意图

梅山地区的建筑环境不仅是村民生活居住的物质空间，更是情感交流、思想碰撞的精神家园。舒适的物质环境为村民的日常生活提供了便利条件，而建筑空间所承载的乡土记忆、地域文化、价值观念等，则营造了一个共享的精神世界，让村民在此交流思想、分享喜怒哀乐。建筑环境成为村民精神生活的重要载体和纽带，与非物质环境交织融合、相得益彰，共同塑造了独特而富有魅力的乡村建筑环境。一方面，建筑环境的物质形态深刻体现了梅

① 周明炬，向子睿，欧阳国辉．梅山古寨：安化大山里的传统村落及民居的营建智慧［J］．中外建筑，2023（06）：43–47.

山地区的自然地理条件、生产生活方式、审美情趣等；另一方面，丰富多彩的非物质文化为建筑环境注入了生机和活力，使其成为梅山地区历史文化和民族精神的物化体现。物质环境与非物质环境互为因果、缺一不可，共同构成了梅山地区独特的乡村建筑环境，展现出强烈的地域特色和文化内涵。

梅山传统建筑环境作为一种综合性概念，巧妙地融合了物质环境与非物质环境，营造出独特的氛围。意境是中国传统文化中的核心概念，通过形象描绘和想象来构建一种独特的境界。它不仅在视觉上引人入胜，还在情感上与人产生共鸣，实现景情结合的效果。意境的创造需要通过精妙的艺术手法，将具体的物象转化为超越现实的精神体验，使人们在欣赏的过程中，不仅看到美丽的景色，更感受到其中蕴含的深厚情感和文化内涵[①]（见图 2–4）。该设计不仅体现了中国传统文化的精髓，通过形象描绘和想象境界，将情感融入其中，达到“景”“情”结合的效果。环境的视觉印象与空间感受，通过自然、建筑和景观的有机结合，展现出独特的物质形态和丰富的感官体验。梅山传统建筑环境强调天人合一、情景交融的理念，追求精神与物质的统一与协调互动，充分展现了文化意境与非物质文化形式的高度融合。

图 2–4　梅山传统建筑环境意境图解

1. 梅山传统建筑环境的非物质环境要素

建筑环境的营建是一个多方面考量的过程，不仅要满足人们的实际生活

① 李川 . 梅山地区民间信仰与传统建筑环境形态关联性研究［D］. 湖南大学，2018.

需求，更要关注到情感和精神追求。在梅山传统建筑环境的塑造中，除了关注自然环境的保护和建筑功能的实现，还需要充分考虑当地的人文氛围。

梅山地区的生活方式深受民间信仰和传统习俗的影响，这种影响不仅体现于日常生活中，也显现在艺术理解和村落规划布局上。梅山地区的建筑外观特色和装饰细节充分反映了独特的地理条件和社会文化发展进程。通过将非物质文化元素与物质环境相结合，这些建筑营造出独特的建筑环境氛围和乡村意境，展现了丰富的人文内涵。居住环境不仅强调实用的物质因素，还融入了非物质因素，如民间信仰和传统文化，使建筑空间充满深厚的人文情怀和地域特色。通过巧妙的设计和布局，建筑使居住者在日常生活中感受到浓厚的文化氛围，形成情感共鸣，从而达到精神上的满足。整体设计体现了高度的文化敏感性和艺术审美，既满足了居住的基本需求，又在精神层面上实现了人与环境的和谐共生。

2. 梅山传统建筑环境的物质环境要素

梅山传统建筑环境的实体形态承载着隐含的非物质元素，呈现出乡村的外在“面貌”。梅山传统建筑环境作为一种综合性体系，结合了实体形态和非物质元素，形成了独特的乡村外在面貌。该环境不仅融合了自然环境与人工环境，还在物质实体的基础上，充分考虑了生存发展条件与社会活动的需求。其文化的建立与发展依赖于坚实的物质基础，包括地质、土壤、生物、大气、水和风等自然要素。通过人类的劳动、加工和改造，这些自然资源被转化为适宜的生活环境和生产环境。梅山的建筑实体和景观实体共同构成了该地区独特的传统建筑环境，既满足了基本的生活需求，又体现了深厚的文化内涵。建筑的设计与布局不仅关注物质实体的功能性，还融入了非物质元素，使得整体环境和谐统一，兼具美观与实用。这样，梅山传统建筑环境在不断适应和优化生存发展条件的过程中，形成了独具特色的文化景观，展示了人与自然、物质与非物质之间的协调共生。

（1）建筑实体

梅山地区的传统建筑实体，包括公共建筑和民居，展现了独特的乡村建筑与城市建筑的融合。这些建筑不仅反映了当地的自然地理环境和人文历史环境，还体现了农耕、渔猎、林业和手工业等多种生产方式。农业生产与田园生活的结合，使得梅山地区的乡村环境具有浓厚的地域特色。在建筑设计中，空间组成、空间划分、空间限定和空间组织都经过精心规划，以适应不同功能需求。公共建筑与民居在空间组织上既独立又相互关联，形成了和谐的整体（见图 2-5）。梅山地区的传统建筑实体通过合理的空间限定与划分，实现了居住、生产和社会活动的有序布局，展现了独特的田园生活和乡村环境。

图 2-5 梅山传统建筑风雨桥

（2）传统民居

梅山地区人们世代居住的传统民居，以干栏式木板房屋为主要建筑形式。据《安化县志》记载，这些民居不仅结构巧妙，还在视觉上营造出一种诗意景象，展现了人与自然的和谐共处。梅山传统民居坐落于田园之间，与周围的农耕生活融为一体，形成了一幅自然和谐的田园画卷，充分体现了当地居民对美好生活的追求和对自然环境的深刻理解[①]。这种民居建筑的样式和特点，都紧密契合了当地独特的地理环境和气候条件。整个村落的选址、空间布局、建筑形态等是梅山地区村落的形态特征，反映了当

① 吴佩，陈希文．梅山地区干栏式民居建筑探析——以新化为例［J］．装饰，2017,（09）：124—125.

地先民在特定自然和人文环境下，适应环境、利用资源、发展生产的智慧结晶[①]。

梅山地区山林茂密，木材和竹材资源丰富，因此房屋主体结构多以当地常见的松木和杉木为主要材料。为了避免木板房过于封闭压抑，梅山人在大多数房屋侧面上半部位开凿白色石灰墙作为窗户，既增加了室内的通风采光，也使房屋整体显得轻盈古朴，与周围的自然环境相得益彰。民居前方常设有水井或鱼塘等小型水景，丰富了院落的生态环境。这种房屋一般分为上下两层，上层作为主要居住空间，底层则架空较低，主要用于通风透气和减少潮湿，部分空间也会用于简易的家畜饲养。若需较大规模的畜牧，梅山人会在房屋周围的空地上专门修建畜棚。从房屋的布局、材料选择到生态环境的营造，梅山传统民居完全融入了当地的地理气候特征，体现出梅山人与大自然和谐共生、热爱生活的理念。

（a）新化土坪村干栏式板屋

（b）安化老房子

图 2–6 干栏式板屋

梅山地区特殊的气候条件决定了当地民居建筑采用独特的干栏式板屋结构见（见图 2–6）。为了应对长期多雨潮湿的气候，板屋设计了挑檐深远的结构，既可防雨，又为居民提供遮蔽活动空间。同时，板屋采用干栏架空

① 李川．梅山地区民间信仰与传统建筑环境形态关联性研究［D］．湖南大学，2017.

式设计，以防潮防水，并有利于通风透气。此外，为了防止湿气过重导致木质材料的腐蚀变形，板屋在建造时通常会对木材进行桐油封漆处理，以提高材料的耐用性。梅山特有的潮湿多雨气候决定了当地建筑必须采取防潮、通风等一系列设计，民居干栏式板屋正是对环境的巧妙适应。板屋建筑不仅满足了实用性需求，其独特的造型美学也成为梅山山区文化的重要符号。

传统梅山民居的空间布局通常由单体房屋和禾场共同组成一个完整的院落系统。这种建筑形式在梅山地区非常普遍，可分为三种主要类型（见图 2-7）（见图 2-8）。第一种类型是随地形而建，占地面积较小，主体建筑布局呈现出“一”字形、“L”形或“凹”字形等不规则的空间组合，这种布局形成了一个开放式的院落空间，一般不设实体围墙，只用矮栅栏分隔。第二种设计是部分民居呈现“L”形或“凹”字形布局的院落，在其周边巧妙地加建了高大坚固的实体围墙，这不仅极大增强了居住环境的私密性，还有效地形成了一个通风良好且遮蔽效果显著的半围合式闭合空间，使整个院落显

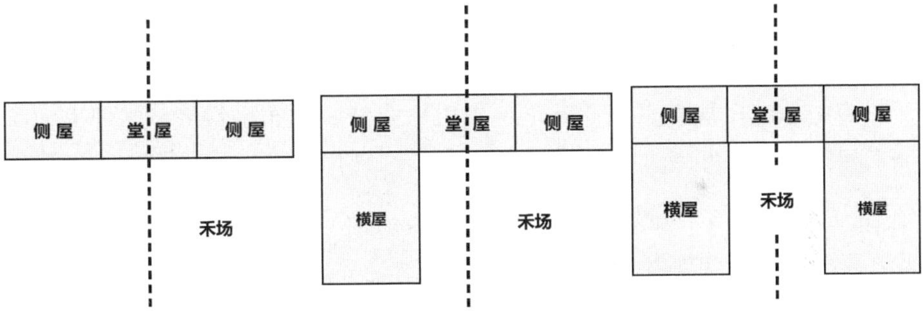

图 2-7　民居空间格局形式（一）

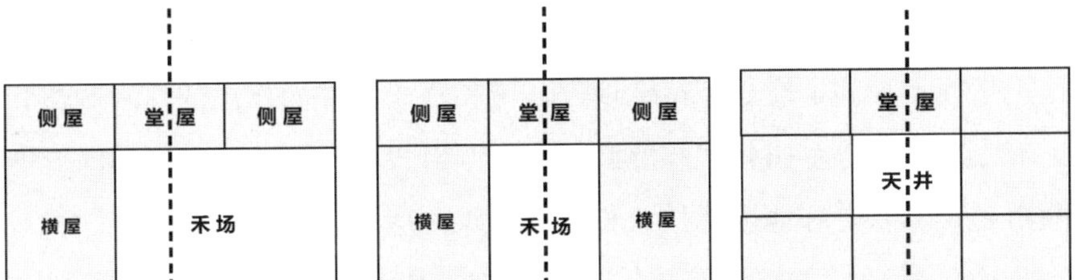

图 2-8　民居空间格局形式（二）

得更加舒适和宜人。第三种是规模较大的民居，延续了传统四合院的建筑风格，以中央天井为核心，四周房屋环绕，不仅确保了室内良好的通风采光条件，也彰显了居住家族的尊贵身份和显赫地位，这类建筑主要分布于地形相对平缓、地势较为开阔的集镇村落中心区域。由于这些地区兼顾商业功能，民居多沿街道线形分布，临街一面开间有限，需要通过内部进深的天井院落来扩展房屋面积，以满足采光、通风和排水等需求。三种不同的空间布局形式，完美体现了梅山人因地制宜、与自然环境和谐共生的智慧，也充分展现了区域文化的多样性和独特魅力。

梅山地区传统民居的空间布局，虽然总体形态呈现出“一”字形、“L”形或“凹”字形的院落格局，但内部空间划分和功能分布存在相似的特征。在这些不同的布局形式中，建筑的平面空间通常都是以正屋为核心，正屋中央位置是堂屋，作为全家的聚会之所和重要活动场所。堂屋两侧则是分别供主户长辈居住的生活起居室。除了正屋之外，部分民居还会设置横屋，用于安置子女居住。这种将不同居住空间平行布置的做法，形成了民居空间横向展开、舒展开阔的格局，避免了纵向多重院落的封闭性。

梅山传统民居在平面空间上呈现出横向舒展的布局特征，体现出独特的宅院格局。其设计理念与北方传统民居有相似之处，强调居中为尊和等级分明。正屋与横屋的配置在空间分布上明确主次等级，反映了长幼尊卑和男尊女卑的传统伦理秩序。这样的布局不仅满足了日常生活的功能需求，还通过空间安排传达了深厚的文化内涵和社会规范，使得每个家庭成员在明确的伦理秩序中各司其职，和谐共处。相反，梅山民居内部空间布局相对更加灵活自由，虽然尊重了部分礼制规范，但更注重因地制宜、自由变通。这种灵活性正是梅山人为适应当地特殊地理环境和气候条件而作出的空间调整和安排。梅山地区地势多山，气候湿润，阳光照射较少。因此，采用横向舒展的空间布局，可以更好地接受日照和自然通风，从而满足居住需求。

梅山民居独特的空间布局，不仅吸纳了传统文化的理念，更重要的是对当地气候环境的深刻理解和适应，体现了梅山人与自然和谐共生的生活智慧。

（3）景观实体

1）地形地貌

梅山传统建筑环境的形成深受地形地貌的影响，地形地貌作为基础性要素，决定了地域景观的整体外貌。在梅山地区，乡村自然景观的视觉特征明显，山地、丘陵、盆地和高原等多样化的地形地貌造就了丰富的自然景观。海拔差异进一步增加了这一地区的景观多样性，梅山地区的村庄聚落依托于这些地形特征，形成了独特的景观面貌，展现了建筑与自然的和谐共生（见图 2–9）。

梅山乡村的地貌对村落景观的形成具有重要影响。土壤情况和植被生长的多样性共同塑造了丰富的自然景观。该地区的风格独特，植物种类繁多，展现出多样的生长形态。这些有机元素在不同地形地貌和气候环境下，因土壤质地的差异而表现出不同的自然条件和生长速率。植物的颜色、质地和密集程度进一步丰富了乡村自然景观的特征风格。在梅山乡村，植物的覆盖面积广泛，各种植物品种以其秀美姿态，构成了独具特色

图 2–9　新化天门山地形地貌鸟瞰图

的村落景观，展现了该地区独特的生态美。

2）道路

梅山的传统村落在空间构成上，以道路和交通组织为核心，形成了空间结构的支柱。这些线性元素不仅满足了村内外交通需求，还优化了生产生活路径的便捷性和可达性，增强了方向性。村落的生产、劳作和活动场所通过这些道路连接起来，构成了便捷的交通网络。在这些传统村落中，村路不仅是生活空间的组成部分，更是社会交流、经济交流和文化交流的重要枢纽。它们在邻里关系和情感纽带的建立中起到了关键作用。梅山区域内的封闭性与便利性相结合，使得这些古老的传统村落既保持了传统生活气息和地域文化魅力，又焕发出新的生机。这些村落的道路网络不仅连接了各个生产场所和生活空间，还在很大程度上决定了村落的命运（见图 2–10）。通过优化交通组织，这些村落能够更好地进行社会、经济和文化交流，促进整个村落的繁荣与发展，体现了传统村落在现代社会中的持续活力。

在梅山传统乡村景观中，道路系统扮演着重要的角色。它不仅包括集镇街市中那些由街巷组成的步行道，也包括四通八达的乡间田园小径。这些道路的铺设材料，多采用当地常见的本土材质，如天然石板、烧制砖块、砂石或简易的碾实泥土等，极具乡野本真的质朴气息（见图 2–11）。道路在组织和划分地面空间的功能之外，其本身也构成了自然景观的线性纹理元素，为田园风光增添了独特的视觉层次感与美学体验。例如石板小路在阳光下泛起的薄薄水痕，青砖路面历久弥新的斑驳风情，再加上铺装石子路面时那略显粗糙的材质质感，无不为乡村景色平添了几分质朴的生动气息。各种不同材质和工艺的道路系统，有的曲曲折折穿行于村落街巷，有的一线绵延通向田间地头，它们在实用功能之外，更像是一根根自然质朴的丝线，将建筑与环境结合的点点滴滴娓娓道来，为这片土地留存了独特的视觉记忆。

3）人工景观

除了自然景观之外，梅山地区也遍布着许多富有乡土气息的人工景观，它们是当地居民长期农林业生产和生活所孕育出的独特景象。其中，

（a）云贵堂航拍图

（b）师善堂航拍图

图 2–10　传统村落无人机航拍图（建筑与周围之间的联系）

（a）云贵堂院落铺地

（b）师善堂院内铺地

（c）存厚堂室内铺地

图 2–11 道路铺装

图 2–12　桃花源人造景观水车

为了满足农业生产和基本生活所需，梅山人历经艰辛，利用当地材料，以巧手创造了众多实用设施，如水车（见图 2–12）、风车、水碾和油榨等，水车和风车通过机械化手段转化自然力量，分别用于灌溉和磨粉；水碾和油榨则是传统农业生产中的关键设备，分别用于谷物加工和油料提取。同时，还修建了菜园栅栏等田间景观小品，这些人工景观设施是农村生产生活中不可或缺的辅助工具，体现了古代梅山人劳动的智慧。它们犹如一件件巧夺天工的艺术品，点缀在梅山的田园风光之中，成为乡村自然景观中最富有生活气息、最引人注目的一部分景观元素。

二、梅山传统建筑环境的特点

1. 农业生产性

梅山地区建筑环境深刻体现了当地居民在长达数千年农业文明发展

图 2–13 以农为景 依山而居（新化县土坪村）

进程中，为适应本地农耕、渔猎等传统生产生活方式而逐步形成的空间表征。农牧林渔等传统产业构成了梅山村落经济的支柱，而土地等自然要素则是这些产业赖以生存的根本性载体。随着社会发展和产业结构调整，农业在梅山地区的支柱地位虽有所降低，但其生产空间属性和载体功能依然客观存在。梅山人“以农为本、依山而居”（见图 2–13）的理念塑造了当地建筑环境独特的乡土气息和人文内涵，体现了其珍惜土地、热爱山川的传统美德，以及农耕文明永恒的价值和生命力。

2. 生态性

梅山传统建筑环境是在完全尊重当地独特的本土环境特征基础上营建而成的，建造过程根据具体自然环境进行了创造性设计，处处体现着生态理念，使得各环境要素相互协调、景观丰富多样、生物种类高度多元（见图 2–14）。梅山人世代从事农耕，形成了与自然高度融合、相互依存的生产生活方式，农业生产与乡村生活习俗促进了动植物种类的丰富，维护了生态系统的平衡。梅山人与大自然形成了密切的共生关系，一旦这种关系遭到破坏，必将给传统建筑环境带来毁灭性打击。梅山建筑之所以能与生态环境高度协调，正是源于梅山人通过长期生活实践积累的生态智慧，这

图 2–14　土坪村的生态景观

种智慧不仅体现在建筑细节，更根植于对土地山川的敬畏和保护意识。

3. 自发性

梅山乡村传统建筑环境是当地村民在长期的生产生活实践中，以最小能量消耗满足生存需求而自发形成的。其间，清新空气、秀美梯田、奇特山光、宜人流水、特色民居等景观要素，无不与居民生计息息相关，真实体现了“依山而居，饮水自给”的生活方式。建筑环境的形成采用“边设计、边建造、边调整”的动态模式，村民与工匠共同参与决策、施工、协调和使用的全过程，避免了设计与使用脱节。在不断改善居住环境的过程中，那些无法适应当地自然条件、满足实际需求和审美观念的建筑要素逐渐被淘汰，而符合本土特色、统一的建造工艺和实体则得以保留，进而与周边自然人文相辅相成，最终塑造出极具地方特色的乡村景观。

4. 田园性

梅山传统建筑环境展现出卓越的形式之美与内在之美。其形式之美体现在田园绿黄相间的色彩搭配、粗犷有序的梯田纹理以及散布有致的民居布局等视觉元素之中，构成了赏心悦目的乡村景观（见图 2–14），成为其审美价值的重要组成部分。而更为深刻的内在之美，则蕴含在梅山人与大自然和谐共生的生存智慧与生活方式之中。世代人依顺自然、勤劳开垦，与环境相互渗透依存，形成了独特的地域性生存智慧，传递出人地关系融合统一的细腻情感体验。梅山传统建筑环境还需通过隐喻象征传达空间意象和场所精神，形成居民普遍认同的“可识别性”意境，彰显人与自然、人与环境的和谐统一，这正是其内在魅力所在，是其审美价值的最高体现。因此，研究梅山乡村建筑必须聚焦形式美学，更应挖掘其所蕴含的内在之美以及人地关系和谐共生的价值内涵。

5. 历史文化性

梅山传统建筑环境作为承载着梅山文化传统的重要载体，是该地区漫长历史变迁的忠实见证者，生动展现了梅山社会发展的清晰脉络与曲折轨迹。梅山人民在漫长的历史长河中经历了无数的社会变迁和文化演进，在这一过程中逐步孕育和形成了独特的精神信仰、伦理观念、行为方式、艺术表现形式、宗教信仰、法律制度、风俗习惯以及生活方式等多样而丰富的文化内涵。这些文化元素无一例外地体现和呈现于梅山乡村传统建筑环境的方方面面，深深蕴含于建筑实体结构的选材、布局、形制、装饰等诸多方面之中，有机地贯穿于建筑群落的物质形态塑造和空间格局营构之内。梅山传统建筑环境中的实体元素极为丰富而多样，诸如古树名木、蜿蜒古道、残垣断壁、亭台楼阁等，无不蕴含着极为丰富而深厚的历史文化信息，以其鲜活而生动的物质形态，栩栩如生地记录和再现了梅山文化发展演进的历史画卷，成为梅山这一悠久文明的物证和缩影。对传统建筑环境中这些实体元素的观察和解读，可以追溯和还原历史，更深入全面地把握和理解梅山地区独特文化的形成、演变和传承过程。

三、梅山传统建筑环境的空间形态

梅山地区的传统建筑环境通过独特的空间形态和空间物质元素的组织关系及结构关系，形成了整体印象。这一建筑环境的空间平面布局与功能空间组织密切相关，构建了复杂的空间结构体系，并呈现出有序的空间序列和丰富的空间视觉效果。村民在这一环境中，基于其心理反应，对空间的感知和理解被深刻影响。

1. 平面空间形态

梅山传统建筑环境的平面结构展现了建筑物与山林、河流、农田和耕地之间的紧密关系。传统建筑环境平面图通过整体性的地表格局，清晰地反映了地形地貌特征与建筑的关系。农田与建筑布局和建筑群落连接形成了环环相扣的乡村建筑环境。耕地划分和道路交通系统构成了功能明确的空间要素，这些要素相互作用，形成了有机的整体。在平面布局形态中，道路交通系统与水系构成的关系尤为重要，为村民的日常生活提供了便利的交通和充足的水资源。公共设施的合理布置进一步增强了建筑环境的整体性。通过对地形地貌的巧妙利用，梅山传统建筑环境展现出独特的空间布局和结构美学。建筑物、农田和道路之间的相互作用，使得整个乡村建筑环境既具备实用功能，又体现了地域文化与自然和谐的独特魅力。

梅山乡村的平面布局形式受到建筑物分布的密集程度和排列方式的影响，形成了鲜明的地域特色。根据这些要素的差异，梅山乡村的平面布局可以大致分为两种主要类型：集中式布局和分散式布局。集中式布局模式下，建筑物相对集中密集分布，往往围绕一定中心形成整体，彼此之间距离较近，联系也更为紧密；而分散式布局则呈现出建筑物相对分散、彼此距离较远的分布格局。不同的布局方式反映了梅山人民基于地形地貌、气候环境等条件的不同选择，也体现了对居住环境的不同偏好和需求。

（1）集中式布局

梅山地区的村落往往坐落于山区外围，这些地段地势较为平坦，土地面积宽阔，交通条件优越，经济活动比较活跃。例如中心集镇、河流或主干道路两岸等区位条件优越的地理位置，更多地采用集中式布局的建筑布局模式。在这些区域内，农户的住宅会相对集中密集地布置，形成了相对密集的聚居群落（见图 2–15）。根据当地具体的地形与地貌环境，集中式布局在梅山地区主要呈现出两种典型的分布形式：一种是组团状分布，即住宅聚集成为紧凑的团状群落；另一种则是线状分布，即住宅沿河流、道路等呈线形错落有致地分布。这两种集中式布局形式的形成，实际上是梅山人民根据不同的地理环境因地制宜作出的空间选择和适应。组团状布局

图 2–15　集中式布局

多见于平坦地带，有利于农户集中居住、彼此往来方便；线状布局则常出现在狭长的谷地、河谷两岸地带，住宅顺地形自然分布。无论哪种形式，集中式布局都有利于梅山人民的生产生活，有助于农户之间的沟通联系，形成较为紧密的社区网络。同时这种布局模式也有利于充分利用有限的平整土地资源，形成较为集约的空间组织格局。

（2）分散式布局

梅山地区的偏远山区由于地形地貌复杂多变，采用了分散式布局。在这些区域，平坦土地资源有限，不适合大规模集中聚居，耕地分布分散零碎。因此，农户们往往选择靠近农田分散建设，形成了独户独院的小规模形式。这种布局方式充分适应了山林地形的起伏变化，使得农户和农田能够零散分布，最大化地利用有限的土地资源，确保农业生产的可持续性（见图 2–16）。这种分散式居住布局方式，实际上是梅山人基于复杂多变的山地地形环境，以及耕地分散的客观条件，进行合理适应和空间选择的结果。单户或少数户分散布局，一方面有助于农户就近管理自己的农田，节省往返奔波的时间成本；另一方面也避免了大规模集中居住对有限平整土地的过度占用。同时，分散式布局也有利于充分利用山地地形起伏变化所

图 2-16　分散式布局（紫鹊界梯田）

带来的微小平坦地，将有限的居住和耕作空间合理分散利用。

2. 功能空间形态

梅山乡村的空间布局是村民日常生活、生产和审美需求的综合体现。村落的功能空间巧妙地融合了生产、生活和交通三大核心元素，形成了独具特色的乡村景观。其中，生产空间涵盖了农田、菜地、鱼塘等各类农业生产活动区域，是村民进行农作物种植、水产养殖等生产劳作的主要场所，对于保障村落经济收入和粮食供给具有至关重要的作用；居民住宅区和集市、广场等公共活动场所则构成了生活空间，是村民进行日常起居、休闲娱乐、社交交往等活动的核心区域，对于满足村民物质生活需求和精神文化需求发挥着不可或缺的功能；交通空间主要由村落内部的道路系统组成，包括主干道、支线道路、小径等不同等级和类型，是连接村落内外部空间、组织村落空间形态、引导人流物流等的重要载体，对于维系村落生产生活秩序、提升村落空间效率具有关键作用。然而，这些功能空间在实际运作中是相互交融、环环相扣的，它们共同塑造了村落独特的空间格局和肌理。例如，农田除了作为生产空间承担农业生产功能外，也常常是重要的农耕习俗活动和庆典仪式的场所；道路除了承担交通功能外，也兼具了举办庆典活动和文化表演的公共空间作用。传统建筑环境正是通过这种生产、生活、交通等各类功能空间的巧妙组织方式，以点状节点、线性通道和面状区域的结构形式相互交织、环环相扣，形成了丰富多样、错综复杂的空间形态。

3. 空间结构形态

在梅山这样以山地地形为主导的自然地理环境中，村落空间结构的分层现象表现得尤为明显和突出。其中，核心商贸中心和周边较为繁荣的大型聚落，主要坐落于地形相对舒缓、海拔不甚高的山间盆地区域，受益于有利的地形条件和区位优势，这些村落通常呈现出相对集中的聚落布局模式，人口密度较高，建筑组团规模较大，公共服务设施和基础设施配套较为完善；而在地形复杂多变、海拔较高的山岭地区，分布着大量规模较小、人口较少的自然村落，这些村落通常呈现出分散式的空间布局特征，村落建筑多依山就势、因地制宜地散布于山坡、山脊等不同地形部位之间，村落内部的道路系统和公共空间较为简单，服务设施配套水平相对较低。随着海拔的逐级升高，村落数量呈现出明显的递减趋势，高海拔地区的村落分布密度较低，人类活动强度相对较弱。

第二节　梅山文化对传统建筑的影响

梅山文化对当地传统民居建筑产生了深刻影响。梅山人的文化观念如价值观、环境观念、营造观念等，构成了梅山文化的本质内涵，虽具有高度稳定性，但同时也通过代代相传而不断更新发展。这些根植于梅山文化核心的观念，深深渗透到了民居建筑的方方面面。比如，梅山人的环境观念注重与自然和谐共生，因此民居布局多依山而建，建筑形制也巧妙地适应了当地的地形和气候条件。同时，他们的营造观念体现了对祖先智慧的继承，许多建筑细节如挑檐深远、干栏式设计等，都彰显了先民对自然规律的领会。另一方面，梅山人的审美观念和宗教信仰也深深地影响了民居的装饰风格。民居内外常见的图腾纹样、木雕装饰等，都蕴含了丰富的文化寓意，反映了对祖先图腾的崇敬，以及追求吉祥如意的愿景。

随着时代变迁，梅山文化的部分表象逐渐消失，但其核心精神却通过新的形态得以体现。现代梅山民居虽然吸纳了一些外来文化元素，但这些外来元素在传入时也不可避免地带有梅山文化的地域烙印，成为当地民居文化的一部分。

一、梅山非物质文化与传统民居环境协调统一

梅山非物质文化与传统民居环境协调统一的角度来看，梅山地区的民居建筑与乡村自然、人文景观环境融会贯通，相得益彰。梅山民居聚落本身就是梅山传统文化的集中体现，通过各式各样的建筑形态、多元化的功能设施、独特的空间性质，以及周围的自然生态要素巧妙地交织融合而成，与当地居民的乡村生活方式和乡土文化高度吻合，构成了一个统一和谐的整体。这些村落中的建筑和景观元素，经过数百年的沉淀和演变，充分反映了梅山人与大自然、与生活环境相互交融并达到完美统一的智慧成果。这些建筑与景观不仅生动呈现了某一历史阶段的建筑美学特色和社会文化潮流，更深刻体现了梅山地域文化的源远流长和世代相传的精神底蕴。

梅山地区的人居环境充当了当地非物质文化遗产的有形呈现，同时也扮演着传承和延续这一独特文化精髓的关键实体媒介角色。梅山地方特有的非物质文化精神内核，如观念信仰、生活习俗、审美追求等，则在很大程度上塑造和影响着建筑环境的独特风貌。例如，梅山人对大自然崇敬的观念，体现在民居巧妙利用地形地物的布局；对山神图腾的信仰，融入了建筑装饰的图案元素之中；乡村劳作的生活方式，则影响了房舍院落的实用功能分区。这种源于非物质文化内核而形成的建筑环境，也不断滋养着梅山人的生活习俗和精神信仰，成为梅山文化代代相传的重要承载体。非物质文化与建筑环境二者相互渗透、融会贯通，达到了高度的和谐统一（见图 2–17）。

非物质文化、传统建筑环境和生活方式三者相互影响、彼此映衬、和谐共生，共同塑造了梅山传统建筑环境独特的地域文化特征。在研究和保护梅山乡村建筑环境时，必须秉持可持续发展理念，系统全面地维护原有

传统建筑环境与生活环境的完整性。每一个村庄都是一个小型社会有机体，唯有非物质文化、建筑环境与生活方式三者完好无损地协同存在，梅山文化才能在这一人居环境中持续焕发勃勃生机。

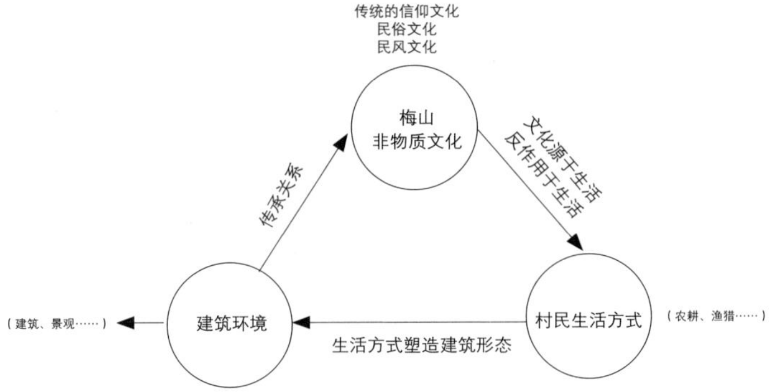

图 2–17　非物质文化、建筑环境和生活方式关系示意图

二、梅山非物质文化对传统建筑环境的影响

梅山地区悠久的历史文化积淀赋予了当地独特的民俗活动和生活方式，这也决定了该地区建筑环境呈现出非凡的形式与风貌。从民居建筑到宗教祠堂，从村落规划到庭院布局，这些传统建筑无不折射出当地人独特的审美意识和生活理念。作为乡村社会各种文化要素的综合体现，这些建筑环境不仅保留了地域特色，更是当地非物质文化传统的具体呈现。不同建筑类型所呈现的文化特征，与当地特有的民俗和信仰文化紧密相连。比如，民居建筑的平面布局和通风设计，往往与当地人的家庭观念和生活方式密切关联；祠堂、寺庙等宗教建筑的形制，则反映了当地民众的信仰文化。这些建筑不仅体现了梅山地区的地域特色，更深刻地诠释了当地少数民族的文化传统和民族特色。

1. 民俗文化对梅山传统建筑环境的影响

湖南省是一个多民族聚居区，不同民族文化在此交流融合，形成了多元文化并存的独特环境。区域内各民族的共同居住，使得文化的发展呈现既独立又相互融合的状态。

梅山地区自古便有浓厚的民间信仰传统，凝聚着强烈的民俗色彩和地域文化特色。梅山地区民间信仰形式丰富多样，主要包括自然崇拜、图腾崇拜、圣贤崇拜、英雄崇拜以及祖先崇拜等几大类型。[①] 其中，自然崇拜体现为对日月星辰、山川河流、树木石头等自然物象的敬畏和祭祀，反映了古代先民面对大自然的敬畏之心和对未知世界的想象与探求；图腾崇拜则表现为对某些特定动植物的神圣化和偶像化，将其作为氏族或部落的象征和守护神，体现了原始社会早期的宗教观念和社会组织形式；圣贤崇拜主要指向儒家文化中的孔子、孟子等圣贤人物；英雄崇拜则侧重于对民间传说中的英雄豪杰以及历史上的名将功臣的崇敬和纪念，反映了人们对道德楷模和非凡人格的仰慕之情；祖先崇拜发端于远古时代对已故先人的祭奠，逐渐发展成为以血缘家族为基础的宗教信仰形态，通过祭祀祖先寄托后人的哀思和敬意，强化家族伦理和社会认同。不同宗教信仰在梅山地区交织共存，形成了多元并包的独特格局。这些信仰渗透于当地的传统建筑，如道观、庙宇、祠堂等。

（1）传统村落建筑中自然崇拜的表现形式

梅山传统村落的居住建筑反映了当地独特的生活方式和文化特质。它们不仅是村民生活的物质载体，也是邻里交往和传承文化的重要场所。这些建筑体现了梅山地区居住文化的地域性、文化性和时代性。在传统村落保护与更新中，应尊重当地生活传统，满足村民需求，彰显不同区域特色，保护和传承梅山丰富的居住文化、空间和精神。

梅山地区自古以来就形成了以自然万物为对象的崇拜信仰体系，这一信仰理念深刻影响和塑造了当地居民的生活方式和思维模式。由于地处偏远山区、生产力水平和技术条件相对落后，自然界在很大程度上主导和支配了梅山地区居民的物质生活和精神生活，因此当地居民对大山、河流、树木、岩石等自然现象和物象产生了发自内心的敬畏和崇拜情感。这种源远流长的自然崇拜信仰，在梅山地区传统民居建筑的造型营构与装饰纹样

① 王月霜. 湘中地区传统民居建筑装饰纹样研究［D］. 湖南大学，2024.

等方面得到了充分体现和艺术表达。梅山地区的传统建筑在造型设计和空间营造上，很大程度上运用简练抽象的艺术手法对所崇拜的自然物象进行模仿和象征，成为梅山本土建筑极为显著的地域特征之一。世代生活在梅山山区的村民们通过对所崇拜事物的外形轮廓进行提炼和概括，并将其与当地特有的文化习俗和因地制宜的营造技术巧妙融合，由此创造和发展出了一套独具地域特色的建筑语汇体系。这些蕴含着朴素的自然崇拜观念、体现出抽象思维方式的建筑语汇，主要包括以下几种基本类型：

首先，梅山地区村民对高耸巍峨的山岳怀有特殊的崇拜之情，这种情感寄托在当地传统民居建筑的造型设计之中得到了充分表达。梅山地区地貌以崇山峻岭为主要特征，当地村民长期生活在群山环抱之中，对山岳高大雄伟的形态产生了丰富的想象和崇敬之心。认为，山间时常云雾缭绕、变幻莫测，是因为山岳本身具有神圣的灵性。受此观念的影响，梅山传统民居的屋顶形式在设计上往往追求与周围连绵起伏的山形相似，以示对山岳的景仰和祈求。这种屋顶多采用硬山式或歇山式，在造型上呈现出显著的“山”字形特征，屋脊线条舒展流畅、起伏有致，形似群山叠嶂、绵延不绝，生动再现了梅山地区独特的地貌景观。

其次，水在梅山地区生产生活中的重要性，也反映在当地居住建筑中。当地人将与水有关的元素，如屋脊、细部装饰等，抽象应用于建筑之中，表达对水的敬畏；同时也在庭院设计中设置石缸、陶缸等蓄水用具，或引水配件如天沟、水井等，充分彰显了对水灵性的信仰。此外，独特的洞穴崇拜也体现了梅山民间信仰的“圆融”特质。古梅山地区有许多关于大型洞穴的传说，洞穴本身具有神秘的特质，因此成为当地崇拜的对象，甚至被用作部落单位的名称。

（2）自然崇拜对聚落选址的塑造

独特的自然生态环境存在着密切的内在联系。该地区地形险峻，山峦丘陵起伏连绵，沟壑纵横，溪流缓缓，造就了梅山人独特的生存环境。梅山人深信，构成自然界的各种要素，如山川河流、树木风雨，乃至四季更替的自然规律，都是维系人类生存的根本所在。因此，必须与这些自然元素实现有机融合，达到“天人合一”的理想状态，才能确保部落的生存繁衍。这种“亲山崇山、亲水敬水”的信仰观念，已深深植根于梅山人的民族认同之中，代代相传。时至今日，梅山地区仍保留着诸多体现自然崇拜的传统活动和仪式。这些源于对自然的虔诚崇拜，见证了梅山文化深厚的历史渊源。自然崇拜不仅是梅山民众生活方式的重要组成部分，更是其独特精神世界的重要体现。通过对自然至上的虔诚信仰，梅山人确立了人与自然和谐共生的理想关系，这种价值观念也深刻影响并塑造了当地独特的建筑文化。

梅山人的自然崇拜信仰对其住屋和村落选址产生了深远而持久的影响，在确定建造位置时，会谨慎评估地形、地貌、水文、日照、气候等自然因素与建筑的巧妙结合，以达成自然环境与人工构筑物的协调共存，使建筑成为周围生态系统中不可或缺的一环。这种风水学思想强调遵循“左青龙、右白虎、前朱雀、后玄武”的山体环境布局原则。在此原则的指导下，梅山人往往将建筑选址于山脉末端，紧靠连绵起伏的“龙脉”山脉，左右两侧有“次峰”相护，前方有“案山”接迎，并且要有蜿蜒的水流环绕其间，形成一种“穴居”式的布局。这种独特的建筑选址理念深深植根于梅山人对自然崇拜的信仰体系之中。梅山人笃信，唯有实现建筑与自然的完美融合，才能汲取山川灵气，达成“天人合一”的和谐理想。这一价值观念也在相当程度上影响并塑造了梅山地区传统村落和民居建筑的空间布局特色。

梅山人在选址建造屋舍的过程中，高度重视自然环境因素的融合，充分体现了其对“天人合一”理想状态的不懈追求。在选址过程中，从后龙、朝向和地形三个维度进行全面把握和审慎考量。所谓“后龙”，指的是依山而建，以连绵起伏的山峦作为屏障，以期子孙兴旺；在朝向上，梅山民居多以坐北朝南、背山面水的布局为主，既能最大化利用日照条件，又蕴含着“负阴抱阳”的深层文化寓意；而面水而居则源于水之“聚气聚财”的寓意，与《易经》中“藏风聚气”的哲学概念不谋而合，强调地形、生态与人居环境的相互依存关系。此外，梅山人在地形选择上更青睐平坦且具有适度坡度的地块，因为不同地势会影响房屋的日照、通风等，

图 2–18　涟源三甲古民居“八字槽门”（杨升根　摄）

同时也关系到土方平衡、排水防洪等技术问题。值得一提的是，建筑大门的朝向和形式也颇具考究，居所大门被视为“气脉通道”，通常应面向来水方向，有利于聚纳财气，而“八字槽门”等特色门型则在风水理论和视觉引导等方面发挥着重要作用（见图 2–18）。

在坡地上推平建房不仅需要耗费大量的人力物力，还会破坏地形地貌的稳定性，导致滑坡、坍塌和水土流失等地质隐患。因此，在选址时必须谨慎考虑坡度的优势和劣势。这种谨慎不仅体现了对土地、植被、气候等自然要素的尊重，还反映了建筑与环境和谐共生的理念。通过合理利用坡地地形，不仅可以最大程度减少对自然的破坏，同时还能在建筑设计上充分发挥坡地的地形优势，提高建筑的耐久性和抗灾能力。可以说，对坡地地形的尊重和充分利用，是梅山建筑文化的一大特色。

（3）图腾崇拜对建筑垂直空间布局的塑造

梅山地区的居民深受当地山峰自然环境的影响，形成了对柱状物体和纵向空间的崇拜观念。这种崇拜不仅体现在对山峰的自然崇拜上，还延伸到对神灵的图腾崇拜中。由于梅山地区丰富的动植物资源和独特的生态环境，这些资源的垂直分布进一步强化了居民对纵向空间层次感的认知。在梅山人的信仰体系中，柱状物体象征着连接天地的桥梁，因此柱体崇拜成为宗教信仰的重要组成部分。这一观念显著地影响了梅山地区的建筑空间布局。在房屋建造中，中柱和梁被视为建筑的核心和灵魂，代表着支撑和保护的力量。在重要的祭祀仪式中，起首和祭梁等仪式象征着对神灵的敬畏和对现实世界的祝福。对柱状物体和纵向空间的崇拜，不仅体现在日常生活和建筑中，还深刻影响了梅山人的风俗习惯和文化传承，体现了对自然和神灵的深厚敬仰与尊重（见图 2-19）。

图 2-19 祭梁习俗（源于掌上温塘）

梅山传统民居的内部空间按照纵向层次进行了精细划分，反映了当地居民对日常生活、农耕活动和祭祀活动的周密安排，体现了对农耕资源的高度重视。最顶层通常设计为储藏空间，利用梁结构、楼板和侧板存放粮食和农具，确保农耕资源的安全。中间层作为居住生活区，包括堂屋、横屋和过道楼梯，用于日常起居活动和祭神祭祖等重要仪式。最底层通过架空处理形成室外空间，用于圈养牲畜和堆放柴火，以满足日常生活和农耕

图 2–20　堂屋的神龛文化

活动的需求。这可以看出，梅山民居的纵向空间划分反映了当地居民对日常生活、农耕活动、祭祀活动等诸多方面的周密安排。

（4）祖先崇拜对民居平面布局的影响

梅山先民在艰难的生存环境中顽强生存繁衍，形成了对祖先的虔诚崇拜，这种崇拜不仅包括对本族先辈的敬仰，还包含了对梅山传说中祖先神的信仰。蚩尤、梅王和张五郎等传说中的祖先神在梅山先民的信仰体系中占据了重要地位，成为精神依托和文化认同的象征。时至今日，梅山乡村社区中依然保持着丰富的祭祖风俗。这种源远流长的祖先崇拜理念，深刻影响并塑造了梅山传统民居的空间布局特征。其典型表现就是设有“堂屋”作为核心空间，周围的其他功能区域则依此而展开（见图 2–20）。作为人神共存的祭祀场所，堂屋在空间结构上突出了祖先崇拜的重要地位。具体而言，神龛通常分为上下两层和内外两部分，内层供奉神位，外层则安放家族祖先和天地君亲师之位，表达了对自然神灵和天地至尊的敬仰。在下坛，专属神位则供奉着张五郎和土地神，彰显了对这些梅山特有祖先神的崇拜。这种独特的神龛布局不仅反映了梅山地区的祖先神崇拜传统，还展示了对自然和天地的尊敬与敬仰。

2. 农耕文化对梅山传统建筑环境的影响

自人类文明伊始，农耕与渔猎的探索就一直伴随着人类社会的发展，最终孕育了灿烂辉煌的文明成果。农耕文化作为一种全球性的文化现象，其形成源于人类长期的生产实践，融合了物质和精神两个层面的文化内容，呈现出独特的地域特点和乡土气息，内涵极为丰富。梅山地区拥有温暖湿润的气候条件，地貌以丘陵和盆地交错分布为主要特征，这种优越的自然环境为农耕文化的发展奠定了坚实的基础。作为中华民族农耕文化的重要发源地之一，梅山地区曾经吸引了炎帝神农氏、舜帝有虞氏等在此驻足，留下了珍贵的文化遗产。

梅山地区的农耕文化有着悠久的发展历史，从春秋时期一直延续到明清，其间经历了漫长的演变过程。在农耕文化发展的过程中，移民活动和军事征服等历史事件起到了重要的推动作用，加速了梅山地区与外部地区之间文化交流的深入发展。中原地区先进农业技术的传入，极大地促进了梅山地区农业生产力的提升，不仅为当地人民提供了更为稳定和充足的粮食来源，也为人口规模的快速扩张创造了有利条件。同时，梅山地区丰富的劳动力资源和不断增长的社会消费需求，为农耕文化的形成和发展提供了强大的内在动力。

长期的渔猎和农耕生活方式深刻影响并塑造了梅山地区的建筑环境和居民生活。为满足安全生产和劳动协作的需求，梅山人形成了聚居的空间形态。在选择村落位置时，优先考虑适宜农耕和渔猎的地理条件，尤其重视稳定的水源供给。农耕和渔猎文化直接体现在对梅山民居的设计细节中，居住空间的尺度把握、材质应用、功能分区等方面都与当地的经济生产方式紧密相关。例如，居住空间内必须设有农具、猎具、谷物等存储空间，院落和建筑外部还设有专门的谷物晾晒场“禾场”。由此可见，梅山人的生产生活方式深刻影响了其建筑环境的形态与功能。

3. 生活风俗对梅山传统建筑环境的影响

生活风俗与梅山传统建筑环境之间存在着紧密的互动关系。一方面，建筑环境通过提供必要的物质空间，为传统风俗活动的开展提供了重要保障；另一方面，生活风俗也对建筑环境的布局和功能提出了特定要求，推动了聚落空间形态的不断演变（见图 2–21）。正是在这种双向互动中，梅山传统建筑环境逐步形成了独特的地域风貌和文化内涵，成为体现地方传统生活方式和价值观念的重要载体。

梅山地区拥有丰富多样的生活风俗，这些风俗习惯对当地乡村建筑环

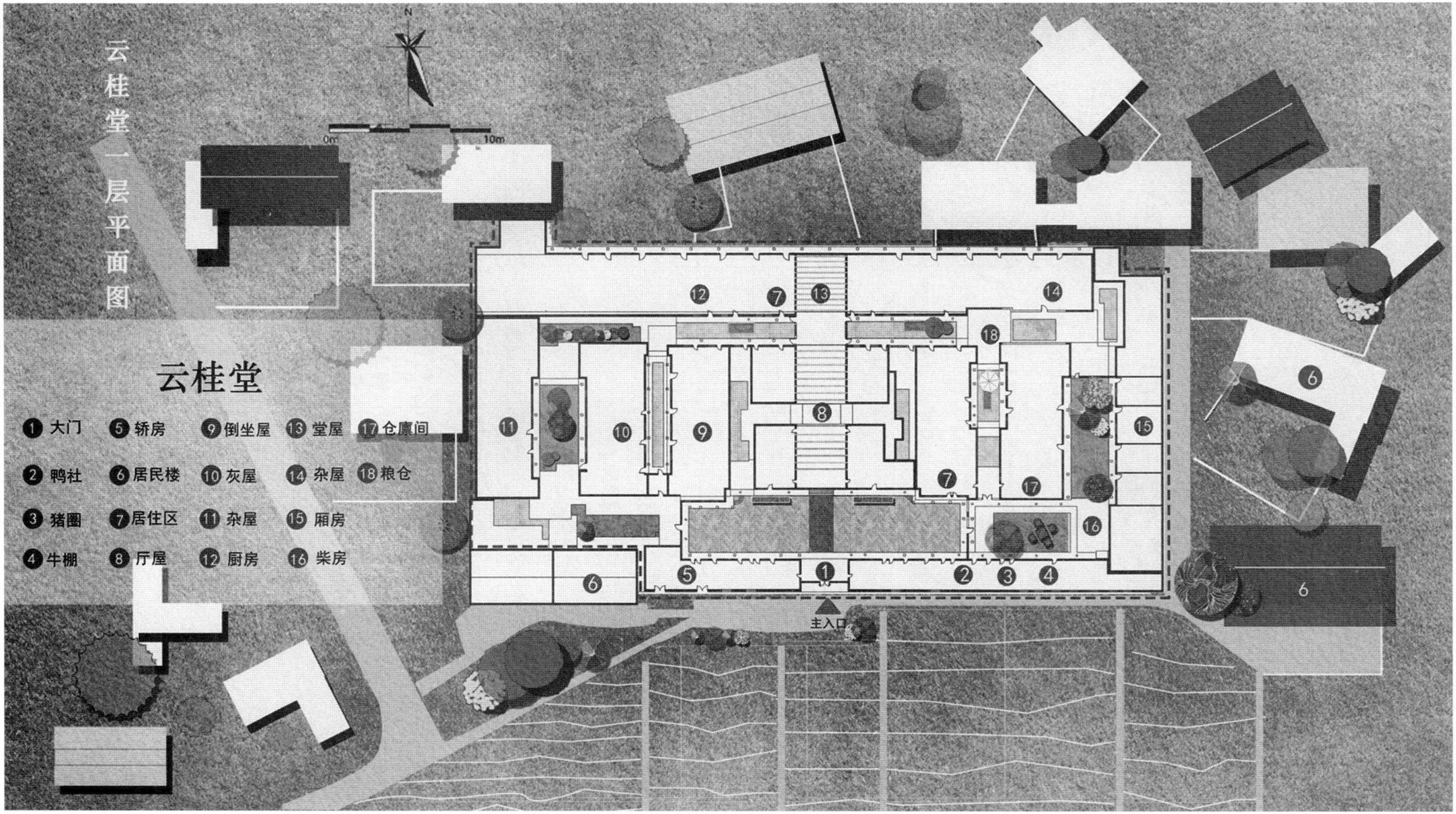

图 2-21　云贵堂平面布局图

境产生了深刻影响，使其呈现出独特的地域特点。在传统节日期间，梅山人会举行各种富有地方特色的庆祝活动。例如，春节，就会举行隆重的“赶年”仪式，通过饮酒、点灯、舞龙等一系列活动来迎接新的一年。在端午节，梅山人则会开展热闹非凡的龙舟比赛，以此来纪念古代爱国诗人屈原。

梅山地区的自然环境严酷，加之历史上封建统治者的武装征伐，迫使当地居民团结一心，共同抵御外敌。这种特殊的历史背景造就了梅山人强烈的文化凝聚力和集体意识，并深刻影响了梅山传统乡村建筑和环境。梅山的传统村落呈现出显著的统一性特征，建筑与周围环境浑然一体，彰显了乡村聚落的整体性，营造出独特的魅力。这种统一性体现在以下几个方面：首先，传统建筑如民居、寺庙等在造型风格上保持一致，给人以强烈的视觉冲击和审美体验，同时也展现了梅山人务实、朴实的内在品格。其次，在色彩运用上，建筑多选用低明度的土色、木色和青色，与自然环境相协调，营造出沉稳内敛的氛围。最后，建筑材料大多取自本地，如石材、土材和木材等，体现了梅山人因地制宜、就地取材的智慧以及建筑所蕴含的乡土气息和力量感。这种统一性不仅凸显了传统建筑的整体性，也延续了梅山地区独特的文化特色。

4. 艺术符号对梅山传统建筑环境的影响

梅山地区拥有丰富多样的艺术活动和民间手工艺，这些艺术文化形式与活动发生空间有着密切关系。长期的生活实践使梅山人充分利用了艺术活动所需的空间场所和环境，形成了独具特色的艺术文化形式，如神话传说、史诗、山歌、诗歌、舞蹈和戏剧等。这些艺术活动经常在不同的空间场所进行，从单一场所的休闲娱乐生活到特定地点的武术表演和皮影戏，甚至是戏剧表演的特定地点和路径。此外，民间手工艺如剪纸、年画、木刻和花瑶挑花等也在特定的环境中得以传承和发展。梅山人巧妙地结合了这些空间场所与艺术活动，展现了对艺术文化的独特理解和创造力。

三、梅山建筑环境对非物质文化的承载

传统建筑环境与非物质文化之间，密不可分又相互影响，相互反映。

非物质文化从社会生活各层面深刻影响着建筑环境，其核心价值与传统建筑环境的空间构成、形态、景观以及细部装饰密切相关。同时，建筑环境的各种特征直接反映了非物质文化的特点，两者如同容器与内容一般紧密结合。传统建筑环境作为外在形态，承载和展示了非物质文化的内在精神和价值观，这种直接关联不仅强化了文化传承的深度和广度，也深化了人们对文化意义与建筑美学之间关系的理解。

梅山的非物质文化是其文化本质的重要组成部分，表现为丰富的精神意识和情感元素，这些元素以乡村建筑环境为物质载体得以具体体现。梅山传统建筑环境承载着悠久的历史文化和丰富的建筑文化特征，这些特征不仅反映了非物质文化的本质关系，也受到社会历史背景和文化发展的动态变化的影响。首先，文化的内在精髓需要借助外在载体来表现，载体是文化得以呈现的实际形态。梅山传统建筑环境不仅承载了历史文化的物质形式，更成为当地独特建筑文化特点的见证和体现。其次，非物质文化的内在精神实质与其外在的承载形式之间，并非简单的一对一关系，不能完全等同视之。非物质文化的产生和发展需要特定的社会历史背景，必须依附于客观存在的载体，如口头传统、表演艺术、社会实践、仪式庆典、民俗活动等进行文化发展，而这些载体会随社会变迁呈现动态变化，但其承载的非物质文化内在精髓和深层内涵不会改变。尽管外在形式可能随时代演进而有所不同，但其所蕴含的价值观念、审美情趣、伦理道德等精神内核却能够穿越时空，历久弥新。最后，作为非物质文化的依托，载体形式必须能够充分体现其内在的文化价值和情感内核，方能淋漓尽致地展现文化的独特风采和深远影响力。梅山非物质文化底蕴深厚，其物化载体形式也势必纷繁多样，相得益彰。我们逐一审视自然景观元素、民居建筑、公共建筑、装饰符号等层面，力求多角度、深层次地剖析它们在承载非物质文化过程中所呈现的独特特点。

1. 自然景观对非物质文化的承载

人类、建筑环境和自然生态之间存在着错综复杂的相互影响关系。自然生态实则是各种自然要素相互影响、彼此交织而形成的一个有机整体，其中既包括生态系统的结构特征，也涵盖了人类与整个生物圈之间的密切联系。因此，生态性的内在意义绝非仅限于环境美化或污染整治等表面工作，而是与生态平衡、食物链等更深层次的问题紧密相连。这种看似“无意识”的行为，却常常会在不经意间对生态平衡产生深远而持久的影响。

梅山地区拥有独一无二的自然环境，包括高耸的山峰、潺潺的流水、起伏的丘陵、广阔的盆地以及层层叠叠的梯田等多样的地貌特征。这些独特的地理条件不仅为当地传统乡村建筑提供了坚实的物质基础，也是当地非物质文化得以传承的重要载体。在梅山地区多姿多彩的自然景观中，尤其以田园景观最具代表性，它已经与村落建筑环境融为一体，成为不可分割的有机组成部分。这些景观元素不仅蕴含并传递着梅山地区丰富的非物质文化内涵和深厚的历史文化底蕴，更为非物质文化的传承实践提供了不可或缺的空间舞台。

传统民居环境深受其所处区域地理特征的影响，展现出独特的地方风貌。依托区域的地理特征，传统民居逐渐演变出适应当地自然条件和生活方式的建筑形式。这种演变过程不仅塑造了建筑的物理结构，还在无形中形成了一种内聚式的生态系统。在这个生态系统中，各种自然与人文因素相互作用，共同维持着内部的动态生态平衡。中国传统民居形式之所以呈现出显著差异，很大程度上源于不同地区的自然环境、地形地貌以及气候分布等因素的综合作用。一种居住形式要成为名副其实的生态住宅，必须满足诸多要求，包括良好的光照和通风条件、隔热保温性能以及与当地自然地形和周边环境相协调、资源能够实现可持续利用等多重标准。

（1）田园

田园景观是指以农田为主体，包括农田、农田水利设施、农田林网、村落等在内的综合性景观类型。它是以农业生产为基础，反映了人类与自然环境相互作用、长期共同演化的过程，体现了人类适应自然、改造自然的智慧结晶。田园景观中的传统民居建筑环境与自然肌理交织融合，构成了村落生产生活空间的核心要素。非物质文化遗产在这一空间中得以传承延续，呈现出自然属性与人文属性的有机结合。在这些村落中，农业生产活动如插秧、播种和收割等，都蕴含着深厚的乡土特色农耕习俗。这些习俗包括敬秧神、开秧门、选秧王和祭牛神等传统仪式，展现了传统农耕文化的丰富内涵。生产活动和仪式在农田地头这一场域中展开，成为村落物质空间和乡村文化传承的重要组成部分。

（2）禾场

禾场是传统农区村落中专门用于晾晒和处理农作物的场地，是其农耕活动的重要场所。它通常位于村落中较为开阔、日照充足、通风良好的地方，具有农业生产、文化活动等多重功能，与当地的农耕文化息息相关。作为传统村落景观的重要组成部分，禾场与村落的建筑、绿化、水系等相互呼应，构成了独特的乡村景观（见图 2–22）。

图 2–22　作为晒谷、劳耕劳作的禾场空间

在梅山地区，禾场和晒谷场不仅是晾晒谷物、打场脱粒的地方，也是村民们聚集进行歌舞活动的中心。这些场所见证了农忙时节农耕文化的繁忙与热闹，村民们在这里一边劳作，一边进行谷歌舞蹈，山歌与舞蹈声此起彼伏，充满了凝聚力和活力。禾场不仅是生产作业的场所，更是农耕文化交流的舞台。年节期间，这里更是民俗文化活动和村落集会的中心，公共活动的重要场地。

通过这些传统活动，梅山地区的传统农耕文化得以延续和发展，体现了村落社会的团结与活力。

（3）道路

梅山地区，乡村道路不仅具备交通功能，还承担着交往联系空间的角色。沿着这些道路，民间风俗和传统仪式在此展开，婚丧嫁娶、祭祀活动等传统习俗通过这些路径得以传播和延续。乡村道路成为文化信息传播的重要通道。集镇街道则是商业文化交流的核心，聚集了各种商业习俗活动和民间传统手工艺的展示表演场所。尤其在节日期间，这些街道变得热闹非凡，游艺文化活动和各种演出在此上演，成为多种文化活动交织的发生场所，体现了乡村社会的丰富多彩和文化多样性。

（4）水域河流

梅山地区水系发达，资江、湘江和沅水的支流交错纵横，为该地区带来了丰富的水资源。在古梅山时期，由于交通不便，人们主要依靠水运进行生产运输。水运不仅成为重要的交通方式，也孕育了与水域相关的传统习俗和禁忌。在启程前，村民们会举行祭水仪式，以求航行平安；河神开江，更是全村的重大活动。而过滩祈神则是每次水上运输前的重要仪式，祈求顺利通过险滩。这些水域活动使得水体成为一种非物质文化载体，承载了丰富的地方传统与信仰。

（5）古树

古树是乡村自然景观中最具代表性的元素之一，指示着地域性自然景观的特征，同时也承载着浓厚的地域文化内涵。此外，在梅山乡村，古树作为居民自然崇拜的物质载体，在当地传统文化中扮演着举足轻重的角色。在恶劣的生存环境中，高大的古树为居民提供了安全的庇护所，减少了野兽的伤害。此外，梅山人普遍认为古树能聚集当地的“灵气”，可以保佑子孙兴旺发达，因此常修建庙宇对古树进行祭祀祈福。其中，梅山人尤其崇拜枫树，称之为“妈妈树”[①]。梅山地区有许多著名的古树，不仅成

---

① 李洁．梅山地区枫树的运用研究［J］．艺术科技，2016，29（03）：314.

图 2–23　祈福古树

为当地历史文化的载体，还衍生出了一些独特的民间信仰习俗，如将红布系在树干上以避邪，或是夫妻过继名字给樟树以祈福等（见图 2–23）。

（6）自然石

梅山地处梅山地区雪峰山脉，拥有秀丽的风景和广布的喀斯特地貌特征，以漫山遍野的怪石嶙峋为其典型标志。古代梅山人产生了丰富的想象和神话创造，将这些自然岩石赋予了美丽的传说和历史纪事。这些承载着独特文化内涵的自然石，不仅成为乡村景观中的特殊元素，其中蕴含的

图 2–24　冷水江锡矿山自然石（杨智　摄）

故事和神话传说也代代流传。更为有趣的是，老一辈梅山人普遍认为石头具有灵气，这种以石头为载体的民间信仰，深深影响了一代代梅山人的思想和行为，成为当地独特文化的重要组成部分。自然石作为承载梅山非物质文化内涵的载体，展现了人与自然和谐共生的观念。梅山地区保留了众多著名的自然石头，每一块都拥有独特雅致、别具特色、动听优美的名称（见图 2–24）。

2. 民居建筑对非物质文化的承载

传统民居是一个复杂的有机系统，不仅仅是物质形式的居所实体，更包含了丰富的人文生态环境。这个环境涵盖了人类在物质、心理和精神层次的需求，通过建筑空间的组织，将社会关系和行为规范巧妙地融合其中。马斯洛需求层次理论指出，人类除了基本的生理需求外，还有更高层次的需求，如安全、归属、尊重和自我实现等。传统民居在满足物质需求的同时，也通过建筑空间的组织，为人们提供了心理和精神上的慰藉。这种对人文关怀的照拂，深深根植于传统民居的设计理念中，并在历史的发展脉络中不断延续和演变。人文生态环境在传统民居中的体现，涉及宗教、审美、民俗、艺术等多个方面。宗教信仰通过建筑元素和空间布局得以呈现；审美追求体现在建筑形态、色彩和装饰中；民俗活动与建筑空间相互交融；艺术创作则以建筑为载体，展现出独特的美学价值。在时间和空间的维度上，传统民居与人文生态环境相互依存，共同塑造和反作用于社会活动和关系，体现了人类对高级需求的不懈追求和对居住环境愉悦感的向往。这些丰富多元的人文因素，共同构成了传统民居的生动画卷，见证了人类社会的发展历程。

梅山地区的传统民居不仅体现了居住的核心功能，还通过其独特的内部和院落空间，承载了丰富多样的活动。居民在这些空间内进行手工劳作，延续着代代相传的民间习俗。通过参与和体验，居民在民居空间中进行饮食起居和日常活动，同时也举办各种文化活动。这些活动赋予民居空间实用功能和深远意义，使其成为具有重要文化价值的实体场所，承载着梅山地区独特的文化传承。在梅山乡村，婚丧嫁娶等红白喜事和祭祀祖先神灵的仪式，往往会邀请宾朋好友赴宴，同时也吸引民间艺人前来，表演戏曲演唱、杂技等节目，营造出喜庆热闹的氛围。地花鼓、傩戏等地方特色表演，更是这些场合中不可或缺的文化元素。这些家庭习俗活动通常在民居院落中进行，堂屋内的神龛和神像为仪式提供了庄重的空间背景，而院落、檐下空间等则成为艺人表演的延伸空间。民居院落因此成为梅山乡村习俗文化活动得以传承的重要场所。这些习俗文化活动的开展，不仅丰富了村民的生活，也为民间艺术提供了展示的平台，使其得以代代相传。同时，通过参与或观看这些活动，村民们增进了彼此间的情感交流，加强了社区的凝聚力。

梅山地区阴湿多雨的气候环境对当地传统民居的设计有着深远影响。为了适应这种气候，民居的屋檐出挑深远，并且设计了廊道，以满足生产劳动和生活功能的需求。这些廊道和檐下空间不仅是通行的地方，更是民间家庭手工艺劳作的重要场所。在这里，居民们进行竹篾编织、挑花、草编和竹刻等活动。堂屋、灶屋、卧室和院落也都被合理利用，成为各类手工艺品的制作和存放空间。竹篾编织工艺尤其需要细致的准备和操作，包括原料的晾晒、破竹、分拣、编织和上漆等步骤，最后将成品妥善存放。这样精心设计的制作空间不仅使用便利，还有效利用了禾场和檐下空间，使得居民们在阴湿多雨的环境中，依然能够高效地进行各种手工艺劳动，充分满足生活和生产的需求。

梅山山区冬季气候寒冷，当地居民需要生火取暖。火能驱赶寒冷、黑暗和野兽，自古以来，梅山人对火有着自然崇拜的思想。这种崇拜延续至今，梅山乡村传统民居室内仍设置火塘，其位置灵活，可安放在堂屋、厨房或卧室一角。火塘造型多样，既有四方规整的矩形，也有依墙而建的灶台型。火塘是冬季家庭户内活动的主要场所，提供做饭、取暖、会客、用餐等多功能。火塘内安放烹饪灶具，上部吊放炊具，家人或朋友围绕火塘交流感情、听长辈讲故事。火塘不仅满足基本生活需求，更是情感交流和文化传承的纽带。当地特产腊肉和茶叶直接悬挂在火塘炊具上熏制，这种独特的熏烤方法让食物香味浓郁，且易于保存，成为山区乡村的传统习俗。火塘因此成为熏制技艺的专属空间场所，承载了梅山地区独特的文化传承。这些传统熏制技艺凝结了先民们与自然环境斗争、适应的智慧结晶，体现了梅山人勤劳智慧的本质特征。

3. 生态环境与社会经济

我国传统村落的形成与发展是农耕文明演变轨迹的真实写照，体现了人与自然环境的共生关系。在这一过程中，人地关系经历了长时间的适应与调整，秉持“人法地、地法天”的理念，顺应自然规律，利用地利。山川土壤的汇聚与河流气候的导引，使得村落能够顺应自然，掌握规律，积极应对环境变迁。通过控制和利用自然环境要素，传统村落展示出多样化的形态特征。这些特征源于独特的自然地理环境，体现了因地制宜和顺应自然的智慧。在生产生活实践中，村落不仅受到自然环境的影响和塑造，也通过人为力量改造环境，形成了有机互动关系。地域性自然环境作为空间载体，提供了物质条件，决定了聚落的模式和形态。传统村落的发展历程中，人为活动与自然环境密切相关，通过改造环境展现出深层的内在意涵。每一个村落都在独特的自然地理环境下发展，因地制宜地调整和优化其生产生活方式，体现了人与自然的和谐共生。

传统民居兼具物质功能与精神内涵。在中国源远流长的文化传统影响下，民众在营造居所的过程中，不自觉地沿袭了既有的建筑形态，以及其所内含的社会观念与文化模式。这一行为彰显了对历史、文化与社会关系的敬重，是对原有建筑样式、生活方式、空间布局与社会文化的延续。传统民居形成了一种良性循环的生态体系，结合了自然生态环境和人文生态环境的双重作用。这两者相互制约、相互影响，形成了生理舒适度与心理舒适度兼具的共生关系。这种栖居模式不仅反映了汉文化、游牧文化、基督教文化和土著文化的多样性，还与特定地理环境、历史、民俗和宗教密切相关。传统民居因此成为承载丰富人文信息的空间，展现出各个文化在特定环境中的独特适应和演变。

民居建筑不仅具备基本的栖居功能，更为家庭与社会成员的关系结构、人类活动的安排等提供了空间依托。这些发生在室内外的精神性活动也赋予了民居独特的审美情趣与文化内涵。此外，传统民居的空间布局深受宇宙观、自然观、生态观等因素的影响，彰显了其作为人类精神与文化载体的特性。

自然生态环境与人文生态环境的相互作用，使得不同地区民居建筑呈现出差异性。随着历史发展，人类对自然生态和人文生态的不断选择和调适，造就了多样化的民居形式。民居环境通过合理的空间布局和精心的设计，为每个空间赋予了特定的功用与文化内涵。例如，堂屋不仅是日常起居的场所，更是家族聚会、礼仪举办的重要空间；庭院不仅提供了户外活动的场地，更蕴含了园林美学和自然崇拜的理念。这种功能与文化的交融，使民居不仅满足了居住的基本需求，还展现了丰富的社会属性与独特的文化特质，成为传承地域历史、风俗习惯、价值观念的重要载体。

第三节　梅山传统民居特征及其影响因素

梅山地区位于中原文化的辐射范围内，深受儒家思想的影响。儒家倡导的礼仪等级制度，如尊卑有别、内外有序、长幼有别以及中为尊、东为贵、西次之、后为卑等，在梅山民居建筑的布局和空间安排中得以充分体现。例如，正屋通常居中而建，高于两侧厢房，体现了中为尊的理念；家中长辈的居室往往位于东侧，而晚辈则居于西侧或后部，彰显了长幼有别的原则。这些制度反映在民居平面布局上，呈现出以中轴对称为基本格局，以堂屋为核心，两侧厢房与附属空间按等级排列，并辅以天井和院落的组合布置。

1. 民居主要结构形式

梅山地区民居的结构形式第一种为木构架结构体系，这种体系包括穿斗式和井干式。穿斗式结构和井干式结构均以木柱落地为特点，采用榫卯连接和穿插搭接的木构件来承担建筑的荷载，形成稳固的结构框架。外墙通常采用砖砌或土筑，这些材料不仅起到防火防盗的作用，同时也有助于抵御外界的风雨侵袭，但外墙本身并不承担结构荷载。由于梅山地区多雨潮湿，木材的选择尤为重要。常用的木材是松木，但这种木材易受白蚁侵蚀，因此需要进行特殊处理以提高其耐久性。尽管梅山地区并非木材产区，但得益于湘江上游丰富的杉木资源，当地居民依靠从这些地区运来的杉木作为主要建材。杉木不仅适应当地的气候条件，还具有较好的防虫性能，成为梅山民居的重要构建材料。梅山民居的木构架结构体系在设计上不仅注重功能性，还体现了与自然环境的和谐共生。榫卯结构和穿插搭接技术的运用，不仅增强了房屋的稳定性，还反映了传统建筑工艺的精湛。外墙的砖砌和土筑工艺，不仅提升了房屋的防火防盗性能，还在一定程度上减缓了木结构的腐蚀速度。通过这种方式，梅山地区的民居在漫长的发展过程中，逐渐形成了适应当地自然环境的独特建筑风格和结构形式。这些传统工艺和材料的巧妙结合，不仅保障了民居的耐久性和安全性，还彰显了梅山地区深厚的文化底蕴和独特的建筑智慧。第二种结构形式为墙承重形式（见图 2–25），即通过外围墙体和内部隔墙直接承担屋顶与楼板的荷载。这种做法的优点在于建造材料易于获取，造价经济，构造简单，且具有良好的保温隔热性能。墙承重形式在梅山地区的农村民居中更为普遍，充分利用了当地的材料资源，体现了因地制宜的建造理念。这种结构形式适应了农村地区的经济条件和建造技术水平，满足了居民对舒适性和经济性的要求。

2. 民居平面类型

梅山地区民居的平面类型具有多样化特征，展现了不同环境下的独特设计理念。在城镇，因土地资源稀缺，民居采用紧凑的平面设计，以高效利用每一寸土地。相反，在农村地区，土地相对充裕，居民可以自由布局，设计更为简朴实用。

在经济条件不充裕的情况下，小型民居成为主流，占地面积有限，但通过最经济的手段，依然能够满足生产和生活需求。这些民居不仅形体美观，还适应当地地形地势，合理利用材料和空间，形成了生动活泼、丰富多彩的建筑风格。梅山地区民居的平面设计因地制宜，常见的一字形平面、曲尺形平面、丁字形平面、工字形平面和四合式平面等，各具特色。这些设计通过化腐朽为神奇的建造理念，展现了居民的智慧和创造力。无

（a）新化天门山古民居

（b）涟源三甲砖木结构民居

图 2-25　传统民居主要结构形式

论是紧凑平面还是自由布局，梅山民居都在合理利用空间和材料方面表现出色，体现了独特的建造智慧和美学。梅山地区的大中型住宅规模宏大，往往由多个组成单元构成，包括正屋和横屋，展现出复杂有序的布局。这些住宅拥有幽厢，建筑空间层次丰富，给人以纵深感。典型的庭院式平面

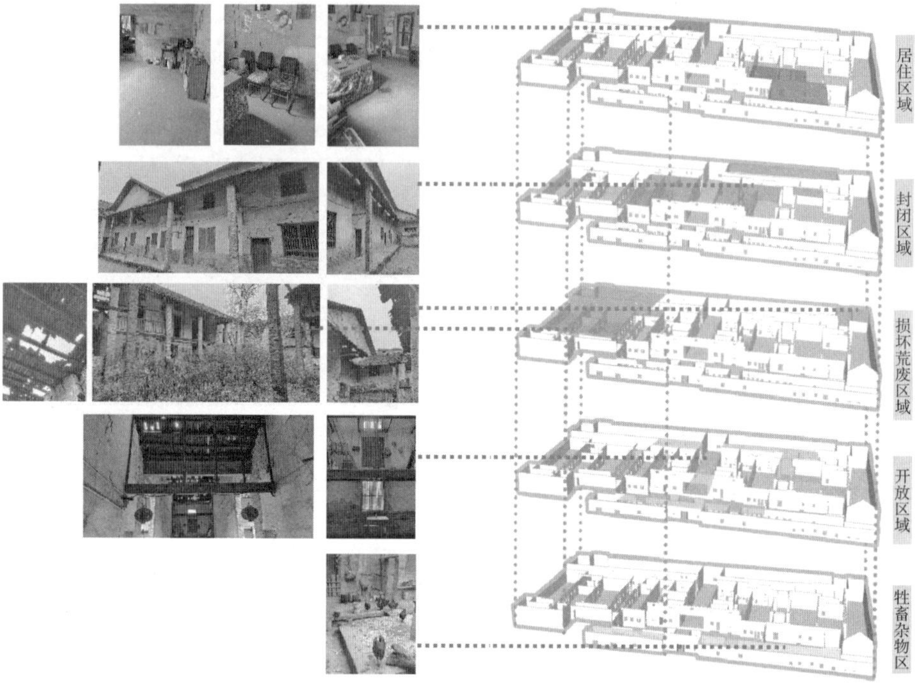

图 2–26　云贵堂平面布局（王婷 / 施辉玲　绘）

设计，多重院落相互连接，形成“丰”字形平面。天井和巷道巧妙地组织空间，使整个住宅布局错落有致。在某些设计中，正屋采用重叠式平面，纵向排列，省去了横屋的设置。这种设计使住宅更加紧凑，但仍然保持了丰富的空间层次。另一种常见的布局是“口”字形平面，两正两横的典型式样，进一步延伸变形，展现出灵活多样的建筑风格。这些大中型住宅不仅体现了规模和气派，更展示了空间的巧妙组织和布局。同时，这些布局也反映了不同社会阶层对居住空间的差异化需求，彰显了等级制度在民居建筑中的影响（见图 2–26）。

3. 民居天井形式

梅山地区民居的设计在室与室之间、室内外之间以及庭院天井之间展现出灵活自由的空间划分特点。这些空间没有明显的界线，而是相互连通、相互渗透，具有很强的可变性和通透性。这种设计尤其适应当地炎热多雨的气候，能够有效通风和防潮。尽管房屋密集，但庭院和天井的巧妙运用避免了狭小拥挤感。这些庭院和天井具有多种使用功能，如通风换气、采光遮阳、排水蓄水等。此外，他们还种植绿植，改善封闭环境的小气候。庭院和天井不仅是屋内的交通中心，还是日常活动和交流的场所，居民可以在此放置杂物，进行小型生产劳作。

庭院天井在梅山地区民居中具有形式多样的特点，其具体形式不仅与民居的建筑类型相关，还深受当地生活风俗、宅居主人的经济状况和个人喜好的影响（见图 2–27）。天井的数量和规模灵活多变，布置形式根据实际情况进行调整，以满足使用需求并提高居住的舒适度。尽管占地面积较小，但天井在功能上却发挥了重要作用。天井作为通风采光口，是解决高密度民居通风、采光、排水和遮阳问题的重要空间处理手法。通过巧妙设计，天井能够在不占用更多基地面积的情况下，为居民提供室外生活的空间，营造舒适宜人的小环境。天井不仅通风良好，还能有效采光、排水，甚至在炎热的夏季提供遮阳，改善室内的居住条件。这种因地制宜、灵活多变的设计理念，使庭院天井在实际应用中巧妙地利用了有限的生活空间，追求居住品质。

图 2– 27　涟源三甲古民居天井结构

第三章

梅山传统民居建筑材料与营造方式

梅山地区丘陵起伏，资源丰富，木材、石材等建筑原料广泛存在。当地居民长期积累了熟练的烧制砖瓦的工艺，巧妙地将这些自然资源与传统技术相结合，建造出了独具特色的民居建筑。这些房屋不仅契合当地的气候条件，而且融合了当地人的生活习俗、审美追求和文化认同，体现了人与自然和谐共生的理念。房屋的布局设计、构造形式以及装饰风格，无一不蕴含着当地独特的地域特色。木料、石材等建筑材料的运用，源自居民长期积累的本土智慧，充分体现了对自然环境的深刻理解和巧妙利用。房屋的整体风貌更是将当地人的生活方式、价值观念凝聚其中，成为当地重要的文化遗产和引以为豪的文化符号。

第一节　建筑材料

梅山地区传统民居建筑充分利用了当地丰富的自然资源。这些房屋所采用的主要建材，包括木材、石材、泥土、砖瓦等，均来源于附近的山林河流，就地取材，便于获取和加工。这种充分利用本土资源的做法，不仅提高了建筑材料的利用效率，减少了建造成本和环境负荷，更体现了当地居民对自然环境的深刻理解和融洽共处。与现代大规模使用难以回收的混凝土等材料不同，这些传统民居在报废或重建时，其建筑材料可循环利用或自然分解，几乎不会产生难以处理的建筑垃圾。湖南丰富的矿产和植被资源，为民居建筑提供了诸如樟木、楠木、杉木、麦秆等多样化的可选材料，满足了不同建筑需求。在房屋的实际建造中，当地居民巧妙地利用木材作为主要材料，应用于木构架、板墙、梁架和楼地板等。生土材料由于无需烧制，也广泛应用于民居墙体的建造。此外，当地居民还充分利用石材，不仅铺设巷道，还用于墙体建筑。一些历史悠久的民居建筑中，依然保留着卵石墙、青砖墙等原始材料，呈现出简朴自然的美感。

一、生土

传统民居建筑广泛运用了当地丰富的自然材料资源。其中，生土作为主要的墙体材料，因具备良好的适应性而广受青睐（见图 3-1）。这种土质材料具备良好的适应性，能够有效融入当地的水文地质和气候环境，促进建筑与自然的和谐共生。生土墙体还具有出色的保温隔热性能，有效调节室内温湿度，为居民营造舒适的居住环境。尽管生土强度相对较低，但在一些潮湿地区，居民通过采取防水防潮措施，成功解决了这一技术难题。除了生土，当地居民还巧妙地运用了其他天然材料。在梅山地区的大屋民居中，由石灰、黏土和细砂组成的三合土主要用于地面铺装。而作为房屋基础的屋基，则采用碎砖石和三合土等材料进行夯筑，以确保整体的稳固

图 3-1　老民居生土建筑

性。通常情况下，屋基会高出周围地面，构成一体化的建筑底部。

在民居房屋内部，生土材料常被用作普通地面铺设。但对于功能重要的空间，如堂屋、卧室等，居民则更倾向于选用三合土。这种因地制宜、因材而异的做法，充分体现了当地居民对自然资源的深刻理解和智慧应用。根据不同区域和用途的需求，灵活选择适合的建筑材料，确保了房屋建筑的适用性和耐久性，同时也体现了传统民居建筑的可持续性。

二、木材

从传统建筑材料的选择与使用来看，梅山地区的民居建筑体现出了鲜明的地域特色。首先，当地居民善于利用丰富的本土资源，广泛采用木材、石材、竹材等天然材料。这些材料不仅取材便捷，加工和运用也相对简单，充分体现了当地居民对当地环境的深刻理解。其中，木材作为主要的建筑材料，在湖南这种湿热气候条件下表现尤为突出（见图 3–2）。木材具有良好的通风和隔热性能，能够有效调节室内温湿度，为居民创造更加舒适宜人的居住环境。这与当地潮湿闷热的气候条件高度契合，彰显了当地居民对自然环境的精准把握和智慧应用。

图 3–2　风雨桥

三、石材

梅山地区地处典型的丘陵地带，地质主要以坚硬的岩石为主。这为当地居民提供了丰富的石材资源，满足了建造大型建筑群对石材的需求。石头具有防潮、耐久等优良特性，能够有效避免柱脚腐蚀或被碰损。因此，在梅山区域的主要建筑、石板桥和青石路等地方，都可以观察到许多用石材砌筑的建筑元素。这种充分利用当地丰富石材资源的做法，不仅满足了建筑的功能需求，更赋予了当地传统建筑独特的地域风貌。

石材作为坚固耐用的建筑材料，被广泛应用于重要部位，如堂屋、天井，以及门梁、大梁、柱子、柱础和抱鼓石等关键构件（见图 3-3）。此外，许多巷道的路面铺设也采用了长条状的麻石，进一步彰显了当地居民对自然资源的精准把握和巧妙运用。这种因地制宜、充分挖掘本土材料潜力的做法，体现了梅山北地区居民对自然环境的深入理解和智慧应用。善于根据建筑的功能需求，选择合适的石材进行施工，不仅确保了建筑的实用性和耐久性，更赋予了当地独特的文化特色和艺术魅力。将自然资源与建筑实践巧妙结合的做法，无疑成为当地宝贵的文化遗产。

（a）院内天井石材　（b）院内石台阶　（c）大门石材

图 3-3　民居石材之用处

四、砖材

从传统建筑材料的选择与使用来看，砖作为民居建筑中广泛使用的材料，具有诸多突出优势。首先，砖材的取材来源广泛，制作工艺相对简单，这大大便利了建筑施工。其次，砖还具有良好的抗压性能和防火隔热功能，耐久性强，且属于环保可再生材料，符合可持续发展理念。作为以黏土为主要原料的构筑材料，砖拥有较为广泛的适用性。梅山地区的传统民居建筑中，砖材在外墙应用尤为广泛。当地居民通常会采用土坯砖或夯筑的方式进行砌筑，部分房屋则选用全木质的墙体，称为“木心屋”。对经济条件较好的家庭来说，以青砖作为建筑材料也是常见选择（见图 3-4）。值得关注的是，黏土制成的青砖具有良好的防潮吸湿性能，能够为建筑外墙提供有效的防水保护，这在梅山地区比较潮湿的气候环境中尤为重要。

图 3-4　杨市老民居砖材建筑

第二节　营造方式

从传统民居的室内空间组织来看，其划分方式体现出了高度的灵活性和可变性。这种空间结构拥有较强的功能适应性，能够根据使用需求进行相应的调整，充分体现了民居空间的可持续利用特点。从空间布局来看，传统民居的各个室内空间面积大致相等。这主要归功于这些民居采用了非承重墙和木结构，使用可移动的隔断进行空间划分。当有需要时，居民可以根据实际需求和使用习惯，自由灵活地调整内部空间布局。此外，一些坡屋顶的传统民居，还通过设置夹层、阁楼、楼层等垂直空间的划分，进一步扩大了使用空间，充分体现了可持续发展的设计理念。在空间功能划分方面，传统民居群落也表现出较强的灵活性。古村落由多个大宅院组成，而大宅院又由几个院落构成。这些院落在居住需求发生变化时，可以进行分割或合并调整，以满足大小家庭的不同空间需求。这种灵活的空间调配，彰显了传统民居空间环境系统的动态平衡特点。

梅山地区的传统建筑多用砖木结构，以抬梁式和穿斗式木结构为基本的结构体系，故建筑一般较高大，空间布局灵活，通透性强，采光通风良好，建筑结构类型有如下几种：

一、砖木结构

此结构体系多由土砖墙、木柱、木楼板、小青瓦屋面构成（见图3–5）。墙脚用当地的条石，墙身用土砖。大部分民居建筑采用木结构的屋架，砖砌山墙为承重墙的结构体系。若房屋平面过大、跨度较大时，则采用隔墙或木柱作为承重结构。承重结构全部为木柱，外墙面多为围护性的结构，不需要承受屋顶的重量。

图 3–5 六房院砖木结构建筑

二、穿斗式和抬梁式木结构

穿斗式和抬梁式木结构（见图 3–6，图 3–7）广泛运用于传统建筑的结构体系中。梅山地区的民居建筑多为穿斗式和抬梁式木结构。穿斗式建筑空间小，木材用料少，柱子密集排布。公共建筑等大跨度空间多用抬梁式木结构，柱子间距大，用料较多。

图 3-6 土坪村穿斗式民居

图 3-7 桃花源抬梁式木结构建筑

三、“七”字式挑檐

梅山建筑屋檐的出挑形式——“七”字式挑檐，反映了当地建筑形式的特征。当屋檐下没有设置相应的柱子时，建造者会在开间的墙体内预埋木板，使其与檐口平齐，作为檐枋来支撑屋檐。这种做法不仅巧妙地解决了屋檐支撑的问题，还使得建筑外观更加简洁、大方。但是由于上下杭的长度不一致，下杭长度约为上杭的一半，下杭的端部通过立短柱的方式来支撑屋檐外部的第一根木条，而第二根木条就可以通过上枋穿过下杭上的立柱这种形式来进行承接。由于其外部形态像“七”，于是称为“七”字式挑檐。梅山地区传统民居的出檐一般都会采用这种设计手法——将梁、枋直接伸出不同的长度来做成“七”字式挑檐（见图 3-8）。

图 3-8 六房院“七”字式挑檐

第三节　生态适应性

一、通风

从建筑设计的角度来看，梅山地区传统民居广泛采用天井和巷道，作为应对潮湿闷热气候的主要策略。这种设计的原理在于利用室内外空气压差，促进对流换气，从而实现有效的通风散热效果。

具体而言，梅山民居的堂屋开间较小，进深较大，这种布局特点进一步增强了建筑的通透性。天井的设置能够产生穿堂风，有效促进室内热气的排出，大幅改善了居住环境。这充分展现了当地居民对自然通风规律的深入把握，以及在建筑设计中的智慧应用。这种将建筑形式与当地特殊气候条件高度融合的做法，体现了梅山地区居民对自然环境的深入理解和精准把握。梅山人善于根据当地的潮湿闷热特点，采取恰当的建筑措施，充分利用自然通风，提升室内舒适性。这种因地制宜、因势利导的设计智慧，无疑成为梅山传统民居建筑的一大亮点。

与此同时，天井和巷道作为梅山民居建筑的重要设计元素，不仅满足了通风散热的功能需求，更深切契合了当地特殊的自然环境条件。这种将建筑设计与当地气候特点高度融合的做法，体现了传统民居建筑对可持续发展理念的贯彻。研究和借鉴这种充分发挥自然条件优势的智慧实践，对当代建筑发展具有重要意义。

1. 天井通风

天井在传统民居建筑中的这一独特功能，不仅满足了通风散热的需求，更成为室内外空气流通的关键通道（见图 3–9）。通过合理的空间组织和热压效应的利用，这些建筑得以在潮湿闷热的气候条件下维持良好的环境调控性能，充分发挥了建筑本身的环境适应能力。具体来说，在炎热季节，天井内的空气会受热压效应影响而上升，周边的巷道和门窗则不断引入凉爽的外部空气。这种热空气上升、冷空气下沉的循环过程，形成了有

图 3–9　古松堂天井通风

效的热压通风，将凉风引入室内，大幅改善了居住环境的舒适性。这种充分利用自然通风规律的做法，体现了当地居民对气候环境的深入理解和智慧应用。

从传统民居建筑的设计实践来看，充分利用自然通风规律无疑是梅山地区居民应对当地潮湿闷热气候的重要策略。在这些建筑中，天井作为一个关键的设计元素，不仅是引风口和出风口，更是室内外空气流通的核心通道。

2. 堂屋通风

从建筑功能的角度来看，堂屋作为中国传统民居中的重要礼仪空间，承担着接待客人等重要社交功能。这种空间设计的大而通透特点，与其他建筑单元之间的巧妙关系，为堂屋营造出良好的自然通风环境。具体而言，堂屋通常位于房屋的中央位置，与其他功能用房围合形成天井（见图 3–10）。这种有机的空间组织方式，使堂屋能够与天井之间进行有效的空气交换。在热季，风首先从天井进入室内，然后流经堂屋，由于气压变化而进一步流动到其他功能空间。这种自然通风的流向，不仅为堂屋带来良好的通风效果，也带动了整个建筑内部的空气循环。这种充分利用天井—

堂屋之间空间关系的做法，体现了传统民居建筑对自然通风规律的深入理解。通过巧妙的空间组织，实现了风的有效导引和流通，从而在保证堂屋良好通风的同时，带动了建筑内部整体的环境调控性能。这种因地制宜、发挥自然优势的建筑设计智慧，无疑成为传统民居建筑的一大亮点。

图 3-10　存厚堂堂屋通风

3. 巷道通风

在传统民居建筑的设计实践中，巷道作为一个重要的组成部分，发挥了促进自然通风的关键作用（见图 3-11）。梅山地区位于亚热带季风气候区，每年夏季盛行东南风。当地民居建筑的布局和巷道的走向，无不体现出对这一自然条件的巧妙利用和适应。这种设计安排有利于增强通风效

图 3-11　云贵堂通风巷道

果，从而改善室内热环境。具体而言，位于建筑群内部的狭窄巷道，若其走向与当地夏季主导风向一致，就容易形成良好的对流风。为了最大限度地利用东南风，建筑师们往往将民居布置在南北向，使其正面正对夏季主导风向。同时，巷道也被设计成与东南风向平行或略有偏转的方向，形成一个顺应自然风向的“风道”系统。这样一来，清凉的东南风便能顺畅地穿过巷道，进入室内，带走热量和湿气，改善居住环境。而在冬季，由于巷道狭长，风速减缓，寒风也不会直接灌入室内，保证了居民的御寒需求。这种充分利用自然通风规律的做法，巧妙地将建筑设计与地域气候特点相融合，为居民创造了更加舒适的居住环境。可以说，巷道在传统民居建筑中发挥着关键的环境调控作用，相比于现代建筑过于依赖机械系统的做法，这种基于自然通风的传统设计方式，无疑为当代可持续建筑发展提供了宝贵的启示和借鉴。

二、采光

在梅山地区的传统民居中，天井扮演着至关重要的角色。这些“井”字形建筑通过内部天井巧妙地引入自然光线，充分照亮室内空间，不仅解决了采光问题，还营造出丰富多变的光影效果。隔扇门窗和侧窗的设计使得清新的阳光能够直接进入室内，让居住者在日常活动中能够轻松观察到内外装饰的细节。同时，天井的绿化增添了建筑的美感，阳光通过天窗和隔扇窗洒进室内，尤其是在阁楼和开窗的中间部分，明瓦坡屋顶下，使整体空间充满了正常活动所需的清晰光线。

1. 设计挑檐和廊道是梅山地区夏季阳光高度较大时的一种有效遮阳手段（见图 3-12，图 3-13）。在该地区的民居建筑中，常常通过设置挑檐形成宽度为 1 ~ 2 米的廊道，位于建筑外部或天井中。这些挑檐的出檐部分延伸较远，巧妙地避免了夏日炎炎下刺目的阳光直射室内，同时也有效地阻隔了冬日寒风夹杂的低斜射线的侵入。廊道可以被视作建筑的气候缓冲区，同时也能够减少阳光直射室内的情况。

2. 门窗的遮阳设计在建筑中起着重要作用。这里的门窗指的是安装在

图 3–12　古松堂采光设计挑檐（韩朝辉　摄）

图 3–13　云贵堂采光（韩朝辉　摄）

建筑外墙上的门窗，它们有利于室内外空气的交换。传统建筑的门窗通常采用透气的栅格结构。门窗的设置方式通常根据当地气候特点进行调整。建筑的主要出入口常常采用石制门框。高度较高的窗台既能够实现内外空间的连接，又能够起到一定的隔断作用。大面积的花扇窗格在夏季可以起到遮阳作用，而在冬季则可以保持室内温暖。

第四章

梅山地区传统民居装饰与细节

民居建筑是一个民族或地区生活方式和审美追求的直接映射。传统民居装饰纹样承载着悠久的历史文化底蕴，在漫长的发展进程中不断演化，折射出不同时代和地域的文化特色。这些纹样的产生与发展，与当地的自然环境、历史文化、民俗风情等因素密切相关，体现了不同地区人们的审美情趣和价值观念。在漫长的历史发展过程中，传统民居建筑的装饰纹样经历了多次变迁与演变。不同朝代的政治、经济、文化等因素都对纹样的发展产生了影响。例如，古代的图腾崇拜、宗教信仰等因素促进了某些吉祥纹样的产生；而随着社会生产力的发展，一些反映劳动生活场景的纹样也应运而生。

此外，自然环境的差异也对传统民居建筑装饰纹样的地域特色产生了重要影响。各地的气候条件、地理环境、物产资源等因素，都在一定程度上决定了当地建筑材料的选择和装饰手法的运用。比如，南方地区多使用木材、砖石等材料，装饰纹样多以花鸟虫鱼等自然题材为主；而北方地区则多使用土坯、石料等材料，装饰纹样则更倾向于几何图案和抽象化表现。随着时代的发展，一些传统民居建筑的装饰纹样也在不断变化与创新。人们在继承传统的基础上，结合新的审美需求和文化元素，创造出了许多富有时代特色的新纹样。这些纹样既反映了当代人们的价值取向和审美情趣，又与传统文化相融合，体现了中华民族文化的生命力和创新精神。

第一节　传统民居装饰艺术

梅山民居建筑的装饰风格独树一帜，既不追求奢华炫目，也不讲究精雕细琢，而是强调朴实无华、就地取材、因陋就简。建筑材料以当地盛产的青砖、木材为主，不对其做过多修饰，追求材料的本色之美。即便是装饰部分，也力求简洁明快，避免过度装饰。上述朴素的装饰风格在民居的细部体现得淋漓尽致。外墙多用素色，很少使用鲜艳的色彩，山墙顶端偶尔绘制吉祥图案，颜色也多为古朴的色调。民居入口处的门罩、门楼等，常见砖雕、木雕装饰，也都保持着简洁的风格。

尽管如此，梅山民居的装饰并不单调。木石雕刻是其一大特色，题材涵盖花鸟虫鱼、人物故事、神兽法器等多个方面，装点在门楼梁架、门窗隔扇、石坊门槛等建筑部件上，形成了丰富多彩的装饰体系。这些雕刻没有过多雕琢，造型夸张简约，线条粗犷有力，给人一种原始的美感。雕刻师傅们追求意在笔下传神写照，一砖一木间都透露着灵动的气韵。

梅山民居独特的装饰风格源于当地的地理环境和文化传统。梅山地区自然条件相对闭塞，经济以农业为主，人们的生活简单质朴。在长期的生产生活实践中，逐渐形成了朴实无华、就地取材的审美情趣，并将其融入建筑装饰中。同时，儒家文化和道教文化在当地广泛流行，也对装饰风格产生了深远影响。儒家崇尚“朴实无华”的美学思想，道教讲究“道法自然”，都与梅山民居朴素淡雅、天人合一的装饰特点一脉相承。

第二节　传统民居的装饰象征特征

梅山地区属于历史悠久的古老聚落之一。当地居民在长期的生产生活实践中，逐渐形成了独特而丰富的文化习俗，这些习俗渗透到生活的方方面面，并在民居装饰中得到了充分体现。梅山民居装饰所包含和关联的文化意蕴十分广泛，主要以表现吉祥如意为主旨，体现了当地人民对美好生活的向往和追求。

梅山传统建筑以其独特的装饰符号闻名，这些符号内容丰富，形式多样，深深根植于当地文化。在建筑结构中，柱础和门扇被精心设计，窗户布置在适当位置以便充分利用自然光线。封火山墙和屋脊的装饰不仅起到建筑构架加强和保护作用，还满足了居住者的精神、心理和审美需求。斗拱则展现了梅山建筑中独特的艺术表达方式，同时作为非物质文化遗产的物质载体，承载了丰富的历史文化内涵。

在梅山民居装饰中，符号形象的象征遍布于建筑的各个角落。这些图案形象种类繁多，各具特色，蕴含着丰富的文化内涵。例如，龙凤图案象征着吉祥和高贵，体现了人们对美好生活的向往；松梅图案则象征着健康长寿和顽强不屈的精神，反映了当地人民勤劳勇敢、百折不挠的品格。除了图案形象外，文字形象也是民居装饰中的重要元素。人们经常在建筑物上雕刻或剪贴象征着幸福和长寿的吉祥文字，以此明确表达对美好生活的追求。这些文字装饰与图案形象相互映衬、相得益彰，共同营造出一种喜庆祥和的氛围。

除了视觉形象外，梅山民居装饰还广泛运用了谐音象征的手法。人们巧妙地利用某些事物名称的谐音，来表达特定的思想内容，体现了当地居民智慧和创造力。例如，“蝙蝠”与“遍福”谐音，寓意福气遍地、幸福美满，因此常见于各类木雕装饰中；“莲荷”与“年”“连”“合”“和”谐音，象征着连绵不断、和谐团圆，体现了人们对美好家庭生活的向往。这些谐音象征手法，不仅增添了装饰的趣味性，也赋予了装饰更为丰富的文化内涵。

尽管梅山民居装饰在色彩和数量上相对简约，但其象征意义却不容忽视。例如，许多木雕装饰只着一色漆，给人以朴实无华之感，象征着纯洁质朴的品格，与民居宁静祥和的氛围相契合。在色彩搭配上，有时会用红绿两色布条装饰脊栋，象征阴阳对比，体现了中国传统哲学的思想。在数量方面，装饰常常成双成对设置，尤其是在柱、枋、家具等建筑部件上，既是出于对称美的考虑，也寓意“好事成双”，体现了中国传统文化中“双数为吉”的观念。

第三节　传统民居建筑装饰类型

一、屋脊

梅山地区的传统民居大多采用土木结构，屋顶多为青瓦覆盖，呈现出典型的双坡形式，而屋脊的装饰则成为屋面装饰的焦点所在（见图 4-1）。屋脊装饰不仅在视觉上极具吸引力，而且蕴含了丰富的文化内涵，从其独特的形态到精美的图案，无不体现出梅山地区源远流长的历史文化积淀和当地居民深厚的文化底蕴。无论是旧的木板房，还是新建的砖瓦建筑，屋脊两端均用青瓦砌成形似牛角的弯曲造型，给人以动感和生命力，仿佛在诉说着一个个动人的故事；而正中位置则用青瓦或草石灰堆砌出各式各样的花心，让整个屋脊装饰更加灵动多姿，展现出别具一格的艺术魅力。这种独特而富有创意的屋脊结构和形态，不仅具有很高的审美价值，而且承载了当地的历史文化传说和民俗信仰，彰显了梅山先民的智慧和创造力。

图 4-1　土坪村祠堂建筑屋脊

1. 屋脊文化寓意

屋脊两侧的牛角造型栩栩如生，形神兼备，不仅生动地展现了梅山人对牛的图腾崇拜和对农耕文明的重视，同时也寄托了对梅山始祖神蚩尤的虔诚敬仰之情。这一装饰内容与古老神话传说中蚩尤头上长有牛角的描述一脉相承，体现了神话传说与建筑装饰之间的紧密关联和深刻内涵。可见，梅山先民对蚩尤和牛图腾的崇拜由来已久，源远流长，使得牛角成为梅山人信仰的神圣象征，在当地各类传统祭祀和重大法事活动中，都少不了吹响牛角这一隆重而神圣的环节。据耆老讲述，当悠扬而浑厚的牛角声响彻云霄时，就仿佛吹响了蚩尤的仙角，令人肃然起敬，心驰神往（见图4-2）。

图 4-2　梅山特色屋脊

而屋脊的花心作为一种装饰元素，常用于表达对美好生活的向往和祝福。在梅山地区的传统建筑中，屋脊上的花心图案往往与吉祥纹饰相结合，用以祈求家庭的和谐与幸福。这种设计不仅增加了建筑的美观性，也体现了人们对美好生活的追求和祝福。

2. 屋脊立体纹样

梅山地区传统民居建筑的屋脊和坡屋顶是其独特的艺术表现之一。屋脊位于坡屋顶的最高处，作为接合部和分水线，不仅具备防水和稳固的实用功能，还承载着丰富的文化内涵和美学价值。在屋顶装饰方面，梅山地区的民居以朴素无华但又不失精致的视觉效果著称。正脊及其中央和两端的装饰，常见的砖瓦堆叠、泥塑及各种装饰形状，如灰塑、漏花屋脊、龙纹、卷草纹样、竹节纹、鱼眼纹、鱼鳞纹等，精心设计于重点部位上翘，线条轻盈、简洁流畅，展现出独特的审美追求。这些装饰纹样不仅仅是装点，更是寄托了居民对美好生活的向往和祈愿，如祥云、如意、宝珠、蝙蝠、花果等吉祥纹样（见图 4–3）。

图 4–3　民居屋脊立体纹样（韩朝辉　摄）

二、开窗

梅山传统民居的开窗方式独具匠心，彰显了当地鲜明的地域特色和深厚的文化底蕴。房屋正立面的窗户设置讲究大小高低之分，体现了主次分明、错落有致的布局理念。通常在一个立面上布置一个大窗，作为主要采光和通风的开口，而在大窗下部侧边则巧妙地设有一个或多个小窗，既增加了立面的变化和节奏感，又兼顾了室内外的视线控制和隐私保护。大窗的形状多为端正的矩形，给人以稳重大方之感，窗框上装饰有各种雕刻图案和精湛工艺的窗棂，展现了梅山工匠高超的技艺水平和审美情趣。这些雕刻图案题材丰富，或吉祥喜庆，或写实生动，与窗户的实用性巧妙结合，赋予了建筑更多的文化内涵和艺术价值。

与大窗相比，小窗的体量相对较小，形态更加灵活多变，常见的形状有正方形、矩形和圆形等，体现了梅山先民因地制宜、就地取材的建造智慧。小窗的窗洞内部有的为空洞，起到采光和通风的基本功能，有的则设置简洁的几何形木栅窗，在满足使用需求的同时，也起到了装饰的作用（见图 4–4）。值得注意的是，这些小窗的位置往往非常讲究，高低错落，彼此呼应，既符合人体工程学的尺度要求，又与建筑整体形成了和谐统一的韵律美。

图 4 –4　某故居开窗形式（韩朝辉　摄）

梅山传统民居独特的开窗方式和精美的窗饰装饰，无论是在结构形式还是雕刻图案上，都与当地的自然气候条件和居民的生活方式有着紧密的联系（见图 4–5，图 4–6）。梅山地区属于典型的山地丘陵地貌，气候温和

图 4–5　茅堂元恺堂开窗形式（韩朝辉　摄）

湿润，夏季炎热多雨，冬季阴冷潮湿。因此，民居建筑在设计上既要考虑采光通风，又要防止雨水的侵袭，这就需要在窗户设置上作出相应的调整和优化。同时，梅山地区农业生产历史悠久，人们的生活方式简朴质实，注重实用性和经济性。这些因素都深刻影响了梅山传统民居开窗方式的形成和发展，使其呈现出独特的地域特色和文化内涵。

除了实用性和地域性，梅山传统民居的开窗方式还蕴含了丰富的非物质文化信息，成为梅山地区传统文化的重要载体。窗户不仅是建筑的重

图 4–6　梅山民居窗户形态

图 4–7　古松堂窗户龙凤呈祥

要组成部分，也是联系内外空间、沟通人与自然的纽带。在梅山先民的观念中，窗户不仅具有实用功能，还承载着吉祥、避邪、祈福等文化寓意。因此，在窗户装饰上往往寓意深刻，比如在窗框上雕刻龙凤呈祥（见图 4–7）、麒麟送子等吉祥图案，象征生活美满、家庭兴旺；在窗棂上镂空雕刻各种花卉植物，寓意生生不息、四季发财；在窗洞下方悬挂葫芦、铃铛等辟邪物，以求驱灾避难、保佑平安。这些装饰性图案和附加构件，不仅为朴素的窗户增添了视觉美感，也生动体现了梅山先民的价值观念、审美情趣和人生理想，为研究和传承梅山传统文化提供了宝贵的资料。

大窗户和结构形式的设计，不仅考虑到实用功能和建筑形式的美学，更重要的是反映了梅山地区独特的非物质文化特色。这些装饰纹样和雕刻图案，内容丰富多彩，涵盖了丰富的题材，如地方性神话传说、历史典故，以及民间生产生活和劳动实践中的方方面面，如打鱼农耕、采薪放牧、婚丧嫁娶等。它们通过人物造型和脸谱形象，生动地展现了梅山宗教文化和民间戏曲文化的特色，深刻反映了自然崇拜和宗教崇拜在当地的影响。其装饰构件不仅在建筑中起到装饰作用，更是乡村民间精神存在的象征和体现，它们与建筑物理空间的结合，在梅山人民的日常生活中，这些装饰符号扮演着重要角色，不仅为居住环境增添了美学价值，也通过富有创意的艺术表达方式，传承和延续着梅山丰富多彩的文化传统。

三、封火山墙

在梅山地区的传统建筑中，封火山墙是一种显著的特色，与徽派建筑的封火山墙有所不同。这些山墙通常高出屋顶，呈现出两种主要形式：一种是顶部略微弧形，逐层递进，形似绵延起伏的山脉；另一种则外形呈“山”字形状，中间的山峰较高，两侧的山峰较低，造型类似笔架，因此当地有“笔架凌霄”的称呼。这两种形式都是变形的“山”字，体现了梅山人对自然山脉的深厚情感和自然崇拜。封火山墙的设计多样，常见形式包括五花山墙（五跺马头墙）、三花山墙（三跺马头墙）、小马头墙（山形山墙）以及猫弓背（弓形山墙）。这些墙体的建造方式与材料选择相对固定，通常采用砖侧砌或平、侧交替砌筑的方式，外墙多为高大的封火山墙，使用立砖斗砌或木柱板壁，不仅增强了建筑的稳固性，也展示了梅山地区传统建筑的独特美学价值（见图 4 –8）。

（a）茅堂元恺堂封火山墙　　（b）云贵堂封火山墙

图 4–8　古民居封火山墙

四、木雕

木雕是匠师们运用其非凡的艺术才华和精湛的技艺，巧妙地在木材表面营造出粗犷或细腻、挺拔或婀娜、高低起伏的多样化纹样图案，将艺术构想和美学理念巧妙地融入作品之中，彰显了木雕艺术的独特魅力。根据雕刻技巧的差异，木雕可划分为线雕、浮雕、透雕、圆雕、镂空雕等几大类别。线雕借助阴刻手法在木料表面刻画线条，勾勒出各种形象；浮雕通过剔除余料，营造出图案的凸显效果，呈现出不同层次的立体感；透雕采用穿透的技法，塑造出镂空的装饰图案；圆雕注重刻画物体的八面玲珑，营造出独特的三维造型；而镂空雕则融合了高浮雕、透雕、圆雕的技法，整体富有强烈的层次感和空间感。这些不同的雕刻技法赋予了木雕作品以丰富的表现力和艺术魅力，体现了中国传统工艺美术的精湛技艺和审美追求。

在湖南各地的传统民居中，木雕装饰可谓无处不在，尽管经历了岁月的洗礼和时光的侵蚀，这些木雕作品依然神形兼备、栩栩如生，成为湖南民居装饰艺术中最为常见、艺术成就最为卓著的代表。它们不仅彰显了湖湘地区源远流长的文化底蕴和工艺传承，也生动诠释了当地人们的审美情趣和生活理念，成为研究湖南地域文化和民俗艺术的重要载体。通过系统分析木雕的题材内容、艺术风格、技法特色以及与建筑空间的关系，可以更加全面地把握湖湘文化的内涵和特质，揭示其在中国传统文化版图中的独特位置。同时，借鉴传统木雕艺术的精华，结合现代审美需求和制作工艺，对于推动传统工艺的创新发展、促进中华优秀传统文化的传承与弘扬，也具有重要的现实意义和时代价值。

梅山传统民居的木雕装饰主要分布在房屋的木构架、挂落、门窗和家具等部位（见图 4-9）。木柱柱头和梁端常用浅浮雕技法进行装饰，雕刻的位置通常较低，以形体压缩和平面化构图展现装饰美化效果，同时保持结构功能的完整。透雕和雀替雕刻技法在装饰中占据主导地位，创造出栩栩如生的动植物形象，呈现出明显的层次和深度感，同时具备强烈的视觉冲击力。尽管在门窗装饰中，受到构件外形和使用功能的限制，空间起伏和

图 4-9　窗户木雕

图案立体感稍显不足，但其抽象空间营造和光线照射效果仍彰显出独特的装饰艺术表现力。

梅山地区传统民居建筑的木雕装饰在艺术表现手法上将自然景物与人文情怀巧妙融合，形成了独具特色的装饰风格。这些木雕作品大多造型古朴典雅，线条流畅自然，雕刻工艺精湛细腻，体现出匠师们对美的追求和对技艺的执着。在构图方面，梅山木雕遵循对称与均衡的美学原则，通过形式与空间的巧妙安排，营造出和谐统一、富有韵律的视觉效果。同时，这些作品还展现出木雕技法的多样性和综合性，阴线雕刻、浮雕、圆雕、透雕等多种工艺手法常常交相辉映，相得益彰，共同塑造了纹样的立体感、层次感和装饰性。

在梅山地区的宗祠和书院等非民居建筑中，木雕装饰达到了极致的艺术境界。匠师们以精湛的技艺和无与伦比的创意，将圆雕、高浮雕、透雕等多种复杂工艺完美结合，彰显出令人叹为观止的技术水平和审美追求（见图 4–10）。作为中国传统建筑装饰的主要形式之一，木雕工艺在梅山地区得到了广泛而深入的应用，不仅体现在建筑构件的点缀装饰上，更成为传递地域文化和美学理念的重要载体。在部分建筑的木雕装饰中，匠师们还会采用木雕与彩绘相结合的手法，以鲜艳夺目的色彩来进一步强化装饰的视觉冲击力和艺术感染力。这种跨越工艺界限的创新尝试，不仅丰富了建筑装饰的表现形式，也为木雕艺术注入了新的生命力和创造力，体现出梅山工匠对技艺革新和美的追求的不懈探索。

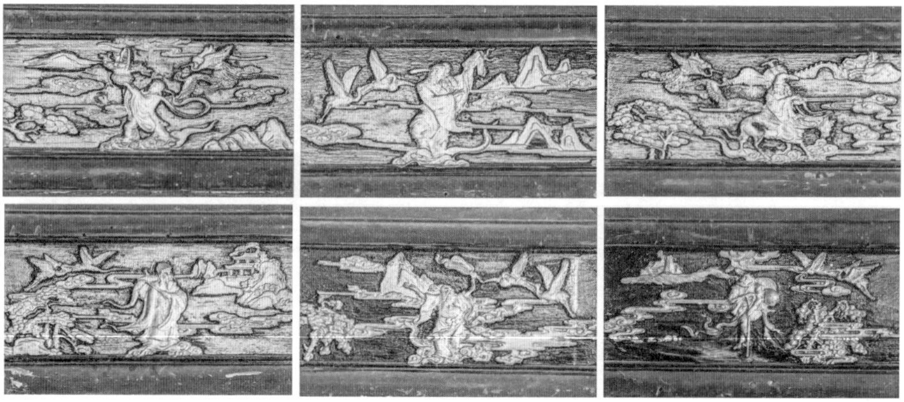

图 4–10　门窗浮雕

五、石雕

梅山地区优越的地理环境为石雕艺术的发展提供了充足的物质基础。这一地区重峦叠嶂，地质构造多样复杂，蕴藏着丰富的石材资源。梅山地区常见的天然石材主要有花岗岩和石灰岩两种，当地人习惯称之为青石，在建筑领域有广泛应用。其中，石灰岩多被用于建筑的辅助构件，而花岗岩则常承担起承重部件的重任。

中国石雕工艺源远流长，纵观其发展历程，远可追溯至商代。然而，直至唐代，石雕艺术才开始繁荣发展，至明清时期更是达到了巅峰。与此同时，石雕工艺在民居建筑中的应用也突飞猛进，成为建筑装饰中不可或缺的重要元素。就梅山地区的传统民居建筑而言，石雕装饰的运用尤为普遍。这些石雕作品大多创作于明清两朝，其中明代石雕风格质朴简约，而清代则以混合工艺著称，形象生动传神，题材丰富多样。与北方石雕的厚重大气相比，梅山石雕更显清新秀丽；与岭南、江浙地区的繁复华丽相比，梅山石雕则更加朴实自然。这种地域特色鲜明的石雕艺术，不仅彰显了梅山地区传统民居建筑的独特魅力，更体现出当地居民朴素淳厚的文化品格。

在雕刻技法方面，梅山地区的石雕刀法犀利豪放，灵活运用曲直线，巧妙结合阴阳刻，与木雕刀法有诸多相似之处。然而，相较于木雕，石雕在雕刻形式上更加注重刀刻的精准力度和细腻强度控制，主要技法包括精美浮雕、神秘阴雕、通透透雕、立体圆雕和流畅线雕等多种形式。由于梅山地区气候潮湿多雨，坚固耐用的石材在传统民居建筑中得到了广泛运用，常见于粗壮的柱子、坚实的柱础、厚重的门槛、精致的门枕石、别致的抱鼓石、雄伟的梁头、平整的地面、素雅的墙裙、宽敞的石阶、精巧的栏杆、威严的石狮等各个部位。精湛的石雕工艺与功能各异的建筑构件巧妙结合，在体量、造型、构图等方面与建筑部位相协调，形成了独特的装饰效果。精湛的石雕工艺在大门、柱础、石阶等关键部位的运用最为集中（见图 4–11），在梅山建筑中，精湛的石雕工艺常被用于大门、柱础和石阶等关键部位，这些地方往往是建筑中的视觉焦点和文化象征。大门的门槛石和门枕石，通常选用泰山石或状元石，这些石材不仅具备优越的耐久性，还因其纹理和色彩而备受推崇。在天井地面和其他关键部位，常见的是浮雕工艺，特别是在重点部位采用深浮雕，以营造出强烈的立体感和精致的细腻表现。相比之下，其余部分可能使用浅浮雕或较少装饰，以保持整体的均衡和谐。

图 4-11 民居石雕

六、砖雕

梅山地区以其丰富的土壤资源，尤其是红壤和地带性土壤的广泛分布而闻名，这些优质的土壤资源不仅为当地的农业发展提供了重要支持，也成为制作高品质青砖和耐用土坯砖的理想原料。在便利的条件下，梅山地区保存了大量传统民居，其中外墙的土坯砖建造尤为显著。这些墙体常采用砂浆黏合，配方包括细砂、石灰和糯米浆，这种独特的工艺使得墙体具有极强的黏合性，显著降低了坍塌风险。在民居建筑装饰中，梅山地区特别注重砖雕和仿石雕花饰的应用，这是一种模仿石雕工艺的装饰技法，极富特色。水磨青砖雕刻常用于人物、花卉和动物图案的创作，通过刻蚀工艺，既省工又经济实用，同时展现出质朴自然的美感，深受当地民间喜爱。这些重要的雕塑工艺在明清时期开始流行，并广泛运用于湖南、江苏、浙江、安徽、陕西、北京等地区的建筑中，是梅山地区现存传统民居中不可或缺的重要元素。

砖雕艺术以其独特的材料属性和丰富的表现形式，在中国传统建筑装饰中占据了重要地位。砖雕所采用的主要技法，包括浮雕、沉雕、圆雕、透雕、印模和堆砖，这些技法与木雕、石雕有许多共通之处，体现了中国传统雕塑艺术的基本规律和审美原则。然而，砖雕艺术也发展出了自己独特的技法特色，其中印模技法就是砖雕所特有的一种工艺（见图 4-12）。

印模技法充分利用了砖坯泥料在未干燥状态下的可塑性，通过预先雕刻好的模具，将装饰图案印压到砖坯表面，从而获得精美的浮雕纹样。这一技法巧妙地结合了泥塑和印刷的原理，既提高了砖雕制作的效率，又保证了图案的精细度和一致性。印模技法的运用，不仅体现了匠师们对材料特性的深刻认识，也反映了在长期实践中形成的独到工艺。通过印模技法，砖雕艺术得以在保持手工艺特色的同时，实现了一定程度的标准化和规模化生产，为砖雕作品的推广应用奠定了基础。

在诸多砖雕技法中，浮雕技法以其丰富的表现力和强烈的视觉冲击力，成为砖雕艺术的重要组成部分。浮雕通过在砖面上局部凸起或凹陷，形成不同层次的立体效果，使图案更加生动形象。而多层浮雕技法则将这种表现手法推向极致，通过多层次的雕刻和堆砌，营造出更加立体、丰富、细腻的画面效果。匠师们运用多层浮雕技法，将人物场景、故事情节、吉祥图案等内容生动地刻画出来，达到了以砖代笔、以刀代笔的艺术境界。这种高超的雕刻技艺，不仅体现了砖雕艺术的审美价值和表现力，也彰显了中国传统工匠精神的精髓所在。

图 4-12　古松堂砖雕

多层浮雕技法对匠师的艺术修养和技术功底提出了很高的要求。匠师需要在深入理解砖雕主题内涵的基础上，对人物形象、场景布局、纹样构成等进行精心设计和安排，并通过娴熟的雕刻技巧和审美把握，将艺术构想转化为立体的视觉形象。这个过程不仅需要匠师具备扎实的美术功底和空间想象力，还需要对材料特性和工具使用有深入的了解和掌握。多层浮雕技法的运用，使得砖雕艺术跨越了单纯的装饰性功能，上升到了一种艺术表现的高度，成为中国传统美学精神的重要载体。

从技法角度看，砖雕与木雕、石雕有许多相通之处，体现了中国传统雕塑艺术的共性特征。但砖雕材料的独特性，也使其在表现手法和艺术风格上形成了自己的特色。与木雕、石雕相比，砖雕在材料的软硬度、可塑性、色彩等方面都有所不同，这些差异影响了雕刻工具的选择、雕刻力度的控制、作品风格的呈现等诸多方面。因此，砖雕艺术家需要在继承传统雕塑技法的基础上，不断探索和创新，发展出适合砖雕特点的独特工艺，以充分发挥砖雕艺术的魅力。

七、灰塑

灰塑，俗称“泥塑”，是中国民间最具代表性的装饰工艺之一。它采用黏土、石灰等天然材料，经过捏塑、晾晒等工序，制作出各种形态生动、栩栩如生的雕塑作品。在梅山地区的传统民居建筑中，这一工艺在屋脊、封火墙翼角等装饰部位得到广泛应用（见图 4-13），匠师们用灰塑在屋脊上塑造出飞禽走兽、花卉植物等吉祥图案，以其精湛技艺塑造出形态多样、巧夺天工的装饰造型，赋予建筑以独特的艺术魅力。屋脊中央段作为装饰重点，常见较大体量的灰塑脊饰，讲求左右对称，而各户纹样各具特色，体现标识性功能。这些脊饰不仅在视觉上形成强烈的节奏感和韵律美，其丰富的文化内涵更成为诠释当地审美情趣和精神追求的载体。

为进一步彰显建筑个性，梅山地区部分民居的门帽和窗楣也融入灰塑装饰，兼具固定门窗瓦片的实用性。这些装饰纹样题材广泛，或取材自然景物，或源于历史传说，或反映世俗生活，内容丰富多元，不仅为建筑注入勃勃生机，更形成一部凝练的地域文化史诗。梅山地区建筑灰塑制作工艺与陶塑相仿，从最初的原型制作，到后续的翻模、脱胎、着色等环节，每一步都体现出梅山匠人独具匠心的技艺。值得关注的是，灰塑瓦片和檐口装饰不仅具有重要的屋面防水功能，更能有效阻隔雨水侵蚀，显著提升

图 4-13　古松堂灰塑造型

建筑的遮风挡雨性能和耐久性。经匠师巧手打造的灰塑构件，造型美观，质地坚实，可经受风吹雨打、日晒霜侵，为建筑提供长效保护。由此可见，灰塑工艺的运用既满足美学诉求，又兼顾实用功能，体现了中国传统营造理念中“适用”与“适美”的完美结合。

八、彩绘

在梅山地区的传统民居中，建筑彩绘艺术以其独特的美学魅力，为建筑空间注入了别样的生机与活力。这些彩绘装饰不仅分布在建筑外墙、檐口下方、脊饰、藻井等各个部位，更以其丰富的图案、文字内容，展现出当地人们的生活风貌与审美情趣。梅山地区的建筑彩绘工艺已臻化境，其形态表现不再受限于工艺手法。彩绘艺匠们巧妙地将雕刻艺术中的浮雕、透雕、圆雕等技法与彩绘相结合，先在木构件上进行精细雕琢，再施以彩绘，或以线条勾勒轮廓，或以色彩丰富层次，使装饰纹样更具表现力和立体感。这种跨越工艺界限的创作手法，充分体现了梅山地区匠师们高超的技艺水平和审美追求，也为传统民居装饰艺术注入了新的生命力。

第五章

梅山传统民居建筑装饰纹样

贝聿铭说：“建筑是有生命的，它虽然是凝固的，可在它上面蕴含着人文思想。”梅山地区传统民居建筑中的装饰艺术，无疑为建筑静默的躯体注入了跃动的灵魂，折射出当地先民对美好生活的憧憬和精神追求。这些装饰不仅大幅提升了建筑的艺术表现力，更使得原本朴实无华的建筑构件如门、窗、梁柱等，在保持原有实用属性的同时，也呈现出令人赏心悦目的视觉审美体验。

梅山地区传统民居的建筑装饰纹样，质朴而不失多姿多彩，具有浓厚的地域特色。这些纹样与建筑主体和周围自然环境交相辉映，浑然天成，彰显出极高的文物价值，对梅山地区传统民居的保护和文化传承具有不容忽视的重要意义。作为一种独特的文化符号，梅山地区传统民居装饰纹样的发展应与时俱进，在传承地域性、文化性、民俗性精髓的基础上，突破传统表现手法的桎梏，积极吸纳现代设计理念，开拓纹样题材，以契合时代审美需求。通过创新表现形式，丰富内在意蕴，这些传统装饰纹样定能焕发出崭新的生命力，为传统民居建筑的传承发展提供更加多元的装饰语汇与美学可能。

第一节　梅山地区传统民居建筑载体上装饰纹样的类型

梅山地区传统民居建筑装饰工艺技法的复杂程度和精深境界，以及纹样种类的丰富多样性，充分体现了当地匠人的独特创意和精湛技艺。通过对建筑各部位装饰的观察，可以发现它们往往遵循适度装饰的原则，侧重于对关键部位的重点修饰。在建筑设计中，对于那些需要承受较大重量、容易被磕碰或踩踏的结构部位，以及跨度较大的建筑构件，通常会采用简约的设计方法，避免在这些部位上使用过于复杂和华丽的装饰纹样，通过简洁明了的设计形式，以确保建筑的安全性和实用性。

梅山地区传统民居建筑在装饰处理上注重结构和美观的结合。对于受力较轻的部位，通常采用精细的雕琢工艺。装饰主题和内涵丰富，通过不同的建筑构件如雀替、门槛、横梁等，展现出多样的美学风格。在具体装饰手法上，梅山传统建筑常用简洁的雕刻工艺。门槛上常见浅浮雕和双勾技法，通过虚实变化增加装饰的层次感。为了保证承重性能，梁柱等部位保持原有肌理，以提高其抗磕碰风险的能力。桐油和朱漆不仅保护了材质的本真面貌，还增添了建筑的色彩和美感。横梁上则常见彩绘和雕刻的结合，台阶表面则以防滑斜线设计，兼顾了功能性和实用性。装饰纹样多样化，有平面纹样、半立体纹样和立体纹样，营造出丰富的视觉效果，同时又不失传统建筑的经典风格。

一、平面纹样

梅山地区的民居建筑中，平面纹样主要出现在山墙、檐口、檐下、屋脊、门板和天花藻井等位置。其在传统建筑中的使用部位可分为两大类：建筑外部和建筑内部。在建筑外部，平面纹样常见于墙面、门窗、屋檐等位置，用于装饰立面，营造气势恢宏、富丽堂皇的视觉效果。而在建筑内部，平面纹样则多应用于天花板、地面、隔扇等处，以丰富室内空间，营造温馨雅致的氛围。梅山地区所见平面纹样主要呈现为彩绘图案。彩绘纹样，即在建筑物表面采用色彩进行艺术装饰，是中国建筑独特的装饰形式之一。在古代中国，色彩不仅作为一种装饰手法，更被视为服务于政治社会秩序的工具，以维护统治阶层的权益。不同的色彩不仅象征着建筑物的地位和功能，更体现了社会等级的差异。在这种文化背景下，建筑彩绘呈现出严格的等级制度，规定了不同色彩在建筑装饰中的使用范围和条件。这些纹样大多出现在墙体抹灰层和建筑木构件上。其题材广泛涵盖动物、植物、历史故事等，不仅有内容丰富的图案，还包括简洁明了的文字。

1. 平面彩绘纹样在建筑外观上使用

梅山地区的民居建筑具有独特的建造风格和装饰特点。在建造过程中，当地民居经常采用山墙高于屋面的设计形式。墙头两侧的斜坡构成了独特的飞檐结构，同时还可能使用封火山墙的设计，从而提高了建筑物的稳固程度和抵御火灾的能力。这种建筑形式不仅具有实用性，也为建筑增添了独特的视觉美感。

在装饰方面，平面彩绘纹样是梅山地区民居的一大特色。这些纹样广泛应用于飞檐、山墙等建筑元素上，为建筑增添了丰富的色彩和艺术气息（见图 5–1）。然而，这些位置往往不是建筑装饰的主要焦点。相反，纹样经常出现在建筑物的边缘区域，比如飞檐的檐头和山墙的两端，发挥着辅助和补充装饰的功能。这种装饰手法巧妙地利用了建筑结构的特点，在不影响建筑主体的同时，为其增添了精美的细节。除了主体建筑外，院墙也是梅山地区民居装饰的重要组成部分。院墙作为建筑物非主体部分的围墙，其构造材料主要采用砖石砌筑而成。在对院墙进行装饰处理时，当地民居习惯于在墙身或墙檐部位绘制彩绘纹样，以丰富视觉层次，提升审美

图 5–1　民居建筑平面纹样

趣味。这些纹样不仅美化了院墙，也与主体建筑的装饰风格相呼应，形成了一个和谐统一的整体。

2. 平面彩绘纹饰在建筑内部使用

梅山地区的建筑内部，尤其是祠堂和戏台，常见平面彩绘纹样，特别是在梁枋等重要的建筑构件上。装饰纹样的布局遵循儒家“序”的理念，以层次原则分布得当。彩绘装饰的题材丰富多样，包括戏曲人物、民间故事、龙凤吉祥等，通过金粉勾勒，显得细腻而生动。植物纹样和几何纹样也广泛用于装饰和点缀，这不仅能保护木材，还能增添整体的美观效果。梁枋表面通常经过刷漆处理，以确保彩绘的持久性和最佳的装饰效果。

二、半立体纹样

半立体纹样通过在二维空间中创造出半凸起的装饰效果，展现出丰富的视觉层次感。这种纹样常见于砖雕、石雕、木雕、灰塑和陶塑等不同材料的工艺技术中，利用浮雕、沉雕、透雕和线雕等多种雕刻技法，呈现出层次丰富且包容性强的装饰整体。这些装饰在设计上主次分明，虚实相宜，极大地增强了视觉效果的表现力。

1. 门帽

门帽和门框是古代建筑中的重要横向构件，通常在梅山地区的建筑中展现出精美的装饰雕刻。这些装饰不仅仅是美观的点缀，更象征着居民的身份地位。梅山地区的门帽装饰工艺多样，砖雕和灰塑尤为常见。装饰题材丰富多样，包括动植物、文字、人物等，营造出吉祥的环境氛围。通过这些雕刻，人们祈求福运并希望消除禁忌，为生活增添更多的美好和祝福。

梅山地区的门帽装饰部位通常位于门框和墙面上，采用丰富的吉祥图案来装饰。常见的图案包括龙、凤、狮子和麒麟等祥禽瑞兽（见图 5–2、图 5–3），使用浮雕装饰和平面纹样的手法，形成连续重复和对称排列的效果。此外，植物纹、山水风景和人物造型的散点构图也常见，增添了装饰的节奏感和韵律感。门簪和木制连楹通常成双成对地装饰在门框两侧，常

（a）存厚堂侧屋门门楣

（b）存厚堂正门门楣

（c）古松堂门楣

（d）云贵堂门楣

5-2 古民居门楣

（a）桃花源民居门帽上的半立体纹样

（b）元恺堂门帽上的半立体纹样

图 5-3 古民居门楣上方的立体纹样

见太极八卦、左乾右坤纹饰，以及寿、福、禄、丰的图案。莲花和鼓形的雕刻也经常出现在这些部位，进一步提升了门帽的装饰效果。通过这些精美的装饰，梅山地区的建筑既体现了美学追求，也寄托了对吉祥如意的美好期望。

2. 梁枋

梅山地区的传统民居中，天花板和梁枋结构往往外露，成为重要的装饰区域。在这些区域的装饰方法上，有两种主要方式：一种是改变造型，通过精细的雕刻处理，使梁枋和天花板呈现出别具一格的美感；另一种是保持原有造型，但通过浮雕方式进行装饰。这些装饰手法在梅山传统民居中较为少见，但一旦出现，往往采用浮雕方式精雕细刻梁枋和其他梁枋部位。装饰内容丰富多样，通常包括动植物纹样，使得这些梁枋和天花板既具美学价值，又富有地域文化特色。云桂堂两种支撑结构主要位于云桂堂的一层内部檐口和二层居住楼的腰部檐口部位。第一种为带有木驼峰的组合梁架，第二种为双层挑出的木臂梁组合梁架。二者皆可达到延展屋面或廊面，减少落地支撑柱，增加廊道宽度的目的，也是本地重要的地方特色及传统做法之一（见图 5–4，图 5–5）。

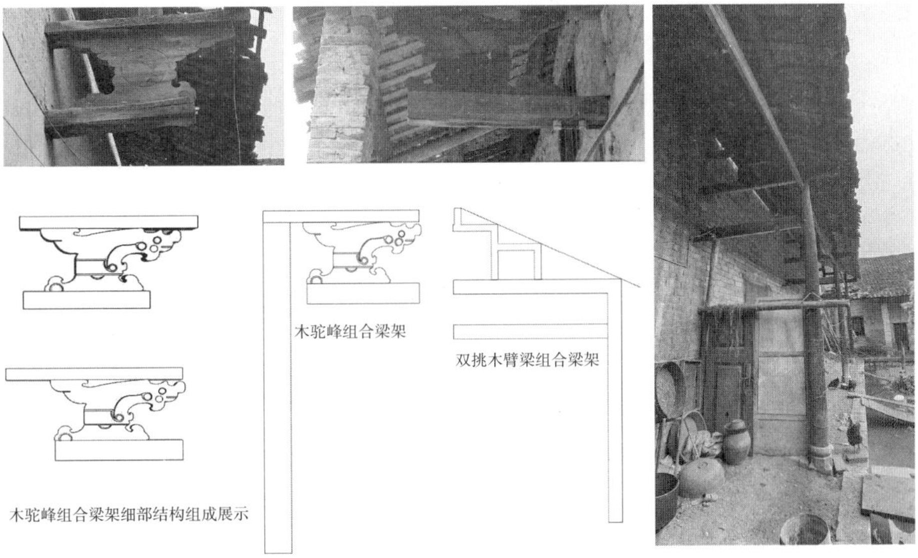

图 5–4　云贵堂梁枋分析

（a）云贵堂梁枋半立体纹样　　（b）桂瑞堂梁枋半立体纹样

图 5-5　梁枋半立体纹样

3. 石柱础

梅山地区多雨潮湿，空气湿度大，土壤易受潮，这些气候特点对建筑材料，尤其是木材的耐久性提出了挑战。为了避免木柱受潮腐烂，工匠们采用了一种独特的建造技术，即将立柱抬高，在其底部垫上一块坚实的石头，这样既可以隔绝木柱与潮湿地面的直接接触，又能起到稳固柱脚的作用。在梅山地区的传统民居中，常见的石柱础形式有圆鼓式、覆盆式、覆斗式、基座式等多种样式。其中，“圆鼓式”石柱础以其稳重典雅、清新秀丽的外观，成为最受欢迎的一种形式，广泛应用于各类建筑之中。此外，单方形柱础也有较多使用。由于材料特性和工艺限制，立柱本身通常没有过多装饰。相反，装饰的重点部位多集中在立柱下方的石柱础上。工匠们通常采用浮雕技法，在石柱础表面雕刻各种富有艺术感染力的纹样，每一种纹样都蕴含着特定的象征意义。

梅山地区传统民居的石柱础装饰常以植物和神兽瑞兽为主要题材，这两类元素在该地区的建筑装饰中占据了重要地位，体现了当地居民的审美情趣和吉祥寓意。在植物纹样方面，牡丹和莲花是中国传统石柱础装饰中的两大主角，梅山地区亦是如此，尤其是莲花纹样的运用更为广泛。莲花瓣向四面展开的形象非常适合装饰，工匠们常以浮雕手法将其雕刻于石柱础之上。除牡丹、莲花外，梅、兰、竹、菊等植物纹样也频繁出现在石柱础装饰之中。值得注意的是，卷草纹样以其灵活多变的组合方式和自由生动的构图深受工匠们的青睐，虽然形式简约，但雕刻工艺却极为精细考究。在神兽瑞兽题材中，龙、凤、狮子、麒麟、锦鲤等形象最为常见，它们以威猛、吉祥、祥瑞的形象，为建筑增添了庄重和神圣的气息。这些神兽瑞兽纹样的运用，体现了古人对美好生活的向往和对未来的美好祝愿（见图 5-6）。

（a）桃花源民居石柱础

（b）古松堂石柱础

（c）茅堂元恺堂石柱础

（d）师善堂石柱础

图 5-6　传统建筑石柱础上的半立体纹样

4. 门槛

门槛是传统民居建筑中位于门框下方的重要构件，连接左右门框柱，起着关键的支撑作用。尤其在梅山地区，由于自然条件潮湿多雨，门槛不仅阻止室外积水渗入，还具有防雨防潮的功能。为了应对这些环境挑战，门槛通常由石材制作，确保其耐久性和防护效果。在梅山传统民居建筑中，门槛的高度设置也与风水观念密切相关，寓意聚财聚运。同时，门槛的高度和精致程度也是门第高低和社会地位的象征，反映出住户的身份和地位。人们进出建筑时频繁磕碰，导致门槛上的纹样容易磨损。因此，门槛的设计雕刻需要特别考虑坚固性和进出便利性。从实用角度出发，雕刻的深浅层度和工艺技法都必须精心设计，以确保门槛的耐用性和实用性（见图 5-7）。为了避免繁复的雕饰导致不必要的磨损，石质门槛正前方通常采用浅线型线雕和浅浮雕雕刻的方式。门槛顶部和背面一般不做装饰处理，既能增强视觉效果，又能在实用与审美之间找到平衡，实现统一。

在梅山地区，门槛的装饰纹样形式丰富多彩，不拘泥于某种特定的样式。这种多样性导致了装饰风格的差异，有的显得较为随意自然，有的则体现出工整有序的特点。在具体的纹样选择上，梅山地区的门槛装饰多采用卷草纹、花草纹、朱雀、狮子等传统吉祥图案，寓意美好，凸显了当地居民对美好生活的向往和追求。这些装饰纹样的运用，不仅增添了门槛的艺术美感，也传达了当地居民的价值观念和审美情趣。

5. 窗

窗户是传统民居建筑不可或缺的重要组成部分，它不仅兼具通风、采光和观景等多种实用功能，更承担着独特的装饰功能。在梅山地区的传统民居中，窗户种类丰富多样，从木质窗花到砖制漏窗，不一而足，展现出工匠们精湛的技艺和丰富的装饰表现形式，完美结合了形式美与功能美。这些窗户采用了多样化的窗体材料，体现了因地制宜、就地取材的建筑理念。民居建筑外墙上常见镂空砖雕工艺，如方格窗和回纹窗等，是主要的装饰样式。这些窗户造型精美、工艺精湛，通常带有对称花纹装饰，并点缀动植物纹样，充分展示了设计者的匠心独运和审美情趣。除了提升建筑

（a）茅堂元恺堂门槛石

（b）古松堂门槛石

（c）存厚堂门槛石

图 5-7　传统建筑门槛石局部半立体纹样

的实用性，窗户更增强了其艺术性，使之成为建筑装饰构件中不可或缺的重要部分。

民居内部的槛窗是重点装修部位，在梅山地区尤为典雅和富丽堂皇。槛窗的设计常见万川、回纹、灯笼框等图案组合，并配以镂空花卉纹样，增添了装饰的精美。槛窗上采用绦环板、透雕和浮雕等多种工艺技法，雕刻出瑞兽祥云、吉祥花鸟和神话故事等主题性纹样，这些纹样不仅寓意美好，还反映了房主的身份地位和对美好生活的向往。槛窗不仅是民居内部的装饰亮点，其外侧正立面的装饰效果同样令人瞩目。槛窗造型丰富多样，包括横风窗、漏窗和花窗等形式，这些窗户的装饰纹样深受社会文化、风俗民情和宗教信仰的影响。常见的装饰纹样包括花鸟类、器物类和文字类纹样，如麒麟送子窗、花鸟窗、花瓶窗和喜字窗。这些装饰不仅具有艺术价值，还体现了居民的审美情趣和价值观念。梅山地区的槛窗通过巧妙的设计和精湛的工艺，成为传统民居中不可或缺的重要装饰元素，展现出浓厚的文化底蕴和人文情怀（见图 5-8，图 5-9）。

在梅山地区的传统民居建筑中，格心窗作为重要的装饰元素，常见于室内空间分隔部位，如隔断、屏风等处。这种窗户不仅具有实用功能，如采光、通风，更富有极高的装饰价值，体现了当地居民的审美情趣和工匠的精湛技艺。格心窗的设计精美典雅，工艺精细，常以棂格组合为基础，巧妙地将各种吉祥纹样、花鸟走兽等活泼生动的图案雕刻其上，寓意美好，象征吉祥。特别是在格心中央，工匠们通常采用浮雕装饰花板，以花

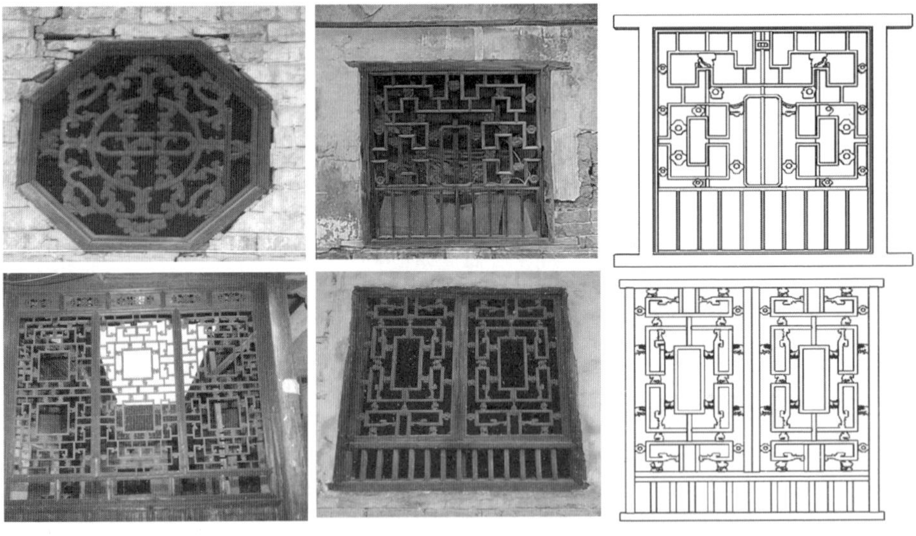

图 5-8　云贵堂木窗半立体纹样

图 5-9　梅山地区建筑砖雕窗户半立体纹样

格为“底”，雕饰为“图”，二者相互衬托，使得整体装饰纹样呈现出丰富的层次感和立体的空间感。

6. 隔扇

隔扇是传统民居建筑中的重要建筑构件，由上槛和下槛构成，兼具窗户和门的功能。其窗户功能包括通风和采光，而门功能则涵盖隔断和围护。在古代园林著作《园冶》中，长隔和长窗都是隔扇的典型应用。隔扇在传统民居建筑中应用广泛，常见的装饰部分有裙板和绦环板。隔扇上的木雕装饰内容丰富多样，具有极高的艺术价值，体现了古代工匠的智慧和创造力。隔扇的装饰可以是素面的简单纹样，也可以是朴素的装饰，或者是更加丰富的浮雕雕刻工艺。装饰题材包括花草纹样、山水纹样、人物纹样、动物纹样和诗词纹样，这些纹样不仅具有吉祥寓意，还反映了房主的身份地位和审美情趣。

隔扇装饰的重点部位在于格心，展现了工匠们的高超雕刻技艺和丰富创意。工匠们常采用透雕的表现手法，巧妙地将各种图案和花纹融合在一

图 5-10　梅山地区故居隔扇半立体纹样

起，使格心装饰更具艺术性。双面雕刻是格心装饰的特色，正反两面都精心雕刻出复杂的纹样，展示了工匠的技艺水平。格心制作过程中，木根条和格网构成了基本框架，常见的图案包括菱形图案、冰裂纹图案和几何图案，这些图案与吉祥纹样相结合，既具有规律性，又充满变化性。通过这种精细的雕刻工艺，传统木雕艺术的独特魅力得以充分展现，使得隔扇不仅实用美观，更是文化和艺术的象征（见图 5-10）。

三、立体纹样

立体纹样是传统民居建筑中常见的装饰手法，应用于建筑物表面，创造出凸起效果。通过圆雕和泥塑等技法，这些装饰纹样不仅增添了建筑的美观性，还展示了精湛的工艺水平。立体纹样通常出现在屋脊、立柱等重要部位，使这些关键结构更具视觉冲击力和艺术价值。

1. 雀替

在传统民居建筑中，雀替的结构功能逐渐式微，而装饰功能则日益凸显，在传统民居建筑装饰中占据重要地位。雀替造型丰富多样，装饰效果生动有趣，能够为建筑增添独特的艺术魅力。

在梅山地区的民居中，木雀替十分常见，工匠们通常会在雀替上雕刻具体的图案和形象，以彰显其装饰功能。其雕刻技法主要包括浮雕、透雕、圆雕等（见图 5-11），能够呈现出不同层次的立体效果。在雕刻纹样的选择上，多以花卉纹、动物纹等吉祥图案为主，工匠们会根据材料的性质、建筑的部位以及房主的喜好，巧妙地组合运用不同的纹样，体现了当地居民的审美情趣和价值观念。这些雀替上的雕刻不仅具有镇宅的作用，也寄托了房主对生活平安幸福的美好期许。

2. 立柱

立柱是传统民居建筑的重要承重构件，不仅肩负着支撑建筑物的重任，也是装饰的重点部位之一。工匠们在设计立柱装饰时，通常会根据柱子材料的特点和建筑空间的要求，巧妙地选用合适的装饰纹样和雕刻技巧。在传统民居建筑的室外，石柱是一个重要的装饰部位。在立柱的装饰

图 5-11　建筑民居木雀替立体纹样

设计中，工匠们通常会在石柱上精心雕刻各种装饰纹样，采用浮雕或圆雕等不同的技法，将动物或器物主题的图案巧妙地融入柱身之中，如麒麟、狮子等瑞兽纹样，或花瓶等器物纹样，不仅增添了立柱的艺术美感，也体现了房主的审美情趣（见图 5-12）。

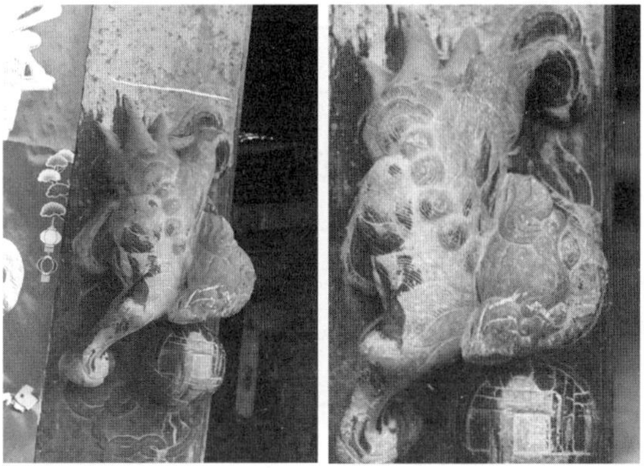

图 5-12　建筑立柱上的立体纹样

第二节　梅山地区传统民居建筑的装饰纹样表现手法

中国传统装饰纹样的起源与自然界的仿生学密切相关，古代工匠们通过观察自然界的原始内容，将其规律化组合、简化、重构，创造出全新的装饰纹样。这些纹样不仅令人视觉享受，还能有效增强建筑的装饰效果。装饰纹样的产生方式在不同地域和建筑中有着共同的源头，但由于地域环境差异，不同地区的装饰纹样特征也呈现出显著的差异。例如在梅山地区，常见的装饰纹样产生手法包括写实、变形和抽象，其中写实是主流手法，通过细致入微的观察和高超的艺术技巧，将自然界的景物、动植物真实呈现在建筑装饰上。这些装饰不仅美观，还反映了当地文化和艺术的深厚积淀，成为传统建筑文化中不可或缺的重要组成部分。

一、写实

写实表现手法在中国传统装饰艺术中扮演着重要角色，通过艺术表现方式将自然界的各种装饰性事物，如卷草纹、缠枝纹、云纹、植物纹等，栩栩如生地展现在建筑装饰上。这些装饰纹样不仅令人赏心悦目，还能填充空白区域，发挥纯粹装饰作用，同时蕴含丰富的主题寓意和文化内涵。艺术加工使得自然景物题材的装饰效果更加引人入胜，不仅展现了大自然的美丽与奇妙，也体现了人们对自然美的欣赏追求。在中国传统文化中，装饰艺术的发展始终秉承着趋吉避凶的思想理念，表意手法通过吉祥美好的装饰元素，如云纹象征祥瑞、植物纹体现生生不息等，深深植根于人们的生活与信仰之中。

二、抽象

中国传统装饰纹样的创作过程常涉及意象表达与装饰部位需求的紧密结合。工匠们运用抽象、变形等手法，将纹样的基本特征延续并赋予新生命力。抽象表现手法的高度概括和提炼，以及艺术表现方式的精准把握，展示了纹样形态精髓和现实状态的感知认识。这些纹样内在特征丰富多变，形成了独特的艺术形态和美学魅力。在艺术加工处理中，工匠们形似追求与神似追求，不仅表达了中国传统艺术中的审美理念，更体现了“外师造化，中得心源”的哲学观念。这种创作过程不仅仅是技艺的传承，更是对自然界万物的敬畏与理解的体现，深深植根于中国文化的精髓之中。如传统装饰纹样中的水纹源自对水的灵感。水润万物而无声，其卷曲柔和的形态在自然界中展现出独特的运用。在装饰过程中，考虑到空间限制和装饰部位的需要，艺术家们灵活调整水纹的艺术魅力，赋予其独特的风格和自然元素。通过提炼和抽象，艺术家们能够准确捕捉水的自然美，展现出敏锐的洞察力和对自然的深刻理解。这种艺术创作不仅仅是意象表达，更是对审美追求的真实体现，深深植根于传统装饰艺术的精髓之中。

三、简化

在梅山地区传统民居建筑装饰中，纹样的简化和抽象是艺术处理的重要手法之一。图案结构的规律性在纹样诞生和图案简化过程中起着关键作用，帮助塑造纹样的形态和内在精神内涵。化繁为简的原则使得艺术家能够在简化创作中保留纹样的特征，同时避免机械复制，展现出纹样的独特魅力。质朴的工艺技法常用于平面化和简易纹样的变形，以自然形态为艺术形象，进行创造性转化和升华。在装饰题材的多样性中，梅山地区的艺术家们没有统一的方法，而是因材施艺，灵活处理每一种装饰需求，展现出简洁素朴而又富有深意的装饰风格。

1. 解构重组

梅山地区的文化发展深受文化交流碰撞的影响，尤其在装饰纹样的持续变化中表现突出。艺术家们通过解构重组手法，如去粗取精和创新方式，重新塑造纹样的原始造型。这包括元素的分解和取舍，以及概括归纳点线面的基本元素，挑选典型和代表性元素进行加工。在艺术手法的引导下，纹样构成形式得以重新分配和组合，形成新纹样的外形。点线面在装饰纹样中扮演着重要角色，基本元素如卷草纹和缠枝纹常被用于构建画面的结构。艺术家们通过调整纹样重心位置和线长短、线粗细及弧度变化，以随机解构的方式重新组织画面内容。这种纹样结构重组具体方式各异，但都遵循适当的结构设计原则，以重组到装饰部位为目标。植物纹样的易于解构重组使得艺术家们可以在内容解构中调整排列，创造出各种预期效果。例如，麒麟形态可以通过非单一真实动物如鹿、羊、马、牛、狗等动物外形的特征元素解构重组形成，呈现人们想象中的形象，充分展示了装饰纹样的表现多样性和艺术创造力。

2. 程式化

在梅山地区，手工艺人和工匠们通过拜师学艺的方式，掌握了各种工艺技法和装饰纹样的制作方法。这种师徒间的工艺传承性，使得纹样的构成法则逐渐形成了一种约定俗成的程式化造型。百姓们对这些程式化的纹样比较理解和熟悉，纹样的辨识度高，成为装饰的典范。程式化在一定程度上简化了工匠们的创作过程，提高了工作效率。不过，由于古人重视风水理念，加上梅山地区多种文化交融，家庭在选择纹样及寓意时，也会受到一些纹样使用禁忌的制约。再者，工匠们的技术水平和艺术表现手法差异也客观存在。久而久之，纹样的制作呈现出程序化的特点，纹样造型趋于雷同、呆板和单调，缺乏创新，限制了梅山地区装饰艺术风貌的多样性发展。

第三节　梅山地区传统民居建筑的装饰纹样组织构成

梅山地区传统民居建筑装饰的基础纹样以简洁实用为主，同时巧妙融合了均衡式和对称式构成。这些纹样多采用连续性设计，并通过适合纹样与建筑结构相协调，既保证了实用功能，又彰显了独特的装饰美学，体现了当地民居建筑的特色。

一、均衡式构成

均衡式构成，也称为平衡式构成（见图 5–13）。艺术和设计中，均衡式构成、平衡式构成和对称式构成是三种常见的构图方式，它们在纹样设计中有着根本的区别，均衡式构成强调各个元素在画面中的均匀分布，通过对称轴或对称中心实现视觉上的平衡，这种构图方式给人一种稳定和安定的感觉，画面整体呈现出均衡感和平稳感。相比之下，平衡式构成则更加灵活，强调的是各个元素在画面上的分布均衡而不一定对称，这种方式在表现纹样主题和突出某些元素时，能够保持一种风格上的灵活性和自由度，使得设计师可以根据具体的表现手法和风格需求进行创作。

图 5-13　均衡局部纹样

二、对称式构成

建筑装饰纹样中常见的对称式构成具有严谨大方的特点，其构成形式通常以均齐式为基础。在设计过程中，纹样假定一个中心轴或中心点作为基准，通过单位纹样的左右对称翻转、上下对称翻转以及四周等距翻转等方式实现对称性。这种结构严谨的设计使得纹样呈现出丰满饱满、工整有序的视觉效果（见图 5-14）。新纹样在对称式构成中可以进一步细分为绝对对称和相对对称两种组织形式，依据具体的装饰需求和审美取向进行精细化调整和设计。

绝对对称的纹样设计依赖于严格定义的对称轴或对称点，使得纹样的形状、色彩在左右或上下完全一致，从而产生整体效果严肃齐整、沉稳大气的视觉冲击力。这种对称方式常见于官式建筑的装饰美学要求中，用以营造均衡和平衡的外观。相比之下，在民居建

图 5-14　对称纹样

筑中，绝对对称的运用相对较少，主要体现在门窗和外墙装饰上，以增强整体均匀性和平衡感。

相对对称的纹样设计在民居建筑装饰中较为常见，通过局部表现形式和整体外形的对称状态，结合主题内容的动静结合，旨在稳中求变。这种对称方式常见于隔扇裙板和梁枋的装饰纹样中，通过多个单元纹样的相互对称组成，保持风格和雕刻工艺的相同，内容虽然不完全一致，却能够在整体美感中展现出变化和灵动。

三、连续纹样

连续纹样在建筑装饰中扮演着不可或缺的角色，它由单个基本单位纹样或多个基本单位纹样组成，形成了完整且富有节奏感的装饰图案。这些纹样经过多代工匠的发展演化，深深根植于传统建筑的装饰艺术中，不仅仅是装饰性的表现，更是文化和审美的传递。典型的连续纹样如卷草纹、缠枝纹和各种植物纹样，它们通过抽象化的处理方式，采用波浪形的“S”曲线、主干与“C”形曲线等构成要素，展现出枝叶、花果等自然元素的连续变化。这些图案不是简单的排列组合，而是在建筑装饰中通过二方连续或四方连续的布局方式，创造出丰富多样、富有动态感的装饰效果。在实际应用中，连续纹样不仅增加了建筑的视觉吸引力，还起到了空间装饰的辅助作用。它们的排列方式可以随着空间的不同而变化，既能强化建筑物的整体美感，又能与建筑结构和功能密切结合，呈现出独特的装饰风格和艺术表现手法（见图 5–15）。

二方连续纹样是一种常见且具有连续性的装饰形式，通常由带状图案或花边组成，这些装饰单元纹样可以在基础上向左右、上下或倾斜方向延伸，形成连续且方向性明确的装饰效果。这种纹样的特点在于其首尾相连的连续性，它可以按照不同的延伸方向结构，如散点式、直立式、波浪式、斜线式、折线式以及一整二破式等多种样式。这种组织结构的多样性使得二方连续纹样能够适应不同的装饰需求和空间布局，既可以单独运用于装饰边缘或窗饰之中，也可以在整体建筑装饰中起到统一和丰富装饰效

图 5-15　连续纹样

果的作用。

把四方连续纹样视为装饰中的核心元素，通常由单个装饰单元纹样构成。这些纹样以多种方式排列：重叠、并列、颠倒或错位，延伸至上下左右四个方向，形成复杂的网格状结构。其组织形式多样，既有散点式的随意排列，也有连缀式和压叠式的有序组织。与二方连续纹样相比，四方连续纹样在视觉上更加丰富多变，能够产生动感和复杂的视觉效果，使装饰更具有层次感和空间感。这种设计不仅能够美化建筑表面，还能够在视觉上丰富空间，为观者带来独特的艺术体验和视觉享受。

四、适合纹样

在装饰设计中，适合纹样的选择至关重要，它们以独特的装饰纹样形式呈现，常常改变纹样的外部形状以适应特定的外形轮廓和形式要求。这些装饰图案限定在特定形状的空间内，如三角形、菱形、多边形、圆形和方形等几何形状（见图 5-16）。这些纹样不仅在外部形式上丰富多样，而且在内部结构和外部形状上进行巧妙融合，以达到统一协调的效果。它们形象完整，能够灵活应用于特殊的装饰部位，无论是在不同的位置或特定

图 5-16 适合纹样

的轮廓下，都展现出独特的艺术特色和整体装饰风格。这种设计方式不仅使得整体结构严谨，而且在形象上能够突出主题，为建筑或装饰物带来鲜明的视觉效果和艺术感受。

在梅山地区的建筑装饰中，雕饰纹样扮演着重要角色，涵盖了各种适合纹样的范畴，这些纹样不仅在装饰载体的外在形态上呈现出丰富的变化，而且在不同的应用场合中展现出多样化的审美效果。通过同一纹样在不同部位的应用，不仅提升了装饰性，还增强了艺术表现力。在纹样适应部位差异的分类中，填充适合纹样、角隅适合纹样和边饰适合纹样是常见的设计形式。填充适合纹样常用于装饰面较大的墙面和门板，通过纹样的重复排列填充装饰空间，营造统一的装饰效果。而角隅适合纹样则专注于装饰建筑的转角和交接部位，突出角隅的特征，增强建筑的整体美感和装饰性。边饰适合纹样则用于装饰边框和镶边，特别适合于狭长部位，强调带状的装饰特点，使整体装饰更加丰富和精致。

第四节　梅山地区传统民居建筑的装饰纹样题材构成

梅山地区的建筑装饰纹样以其多样化的题材内容而著称。这些纹样经过精雕细琢的艺术加工处理，不仅在大小比例上经过精确调整，在疏密布局和色彩对比的运用上也显得极为巧妙，从而呈现出形式美和寓意图案的双重魅力。在梅山地区的传统民居建筑中，这些纹样不仅仅是装饰，更是文化的载体和精神的象征。它们融合了民间传说和戏剧故事的影响，反映了当地人民对自然、生活和历史的深刻理解与感悟。随着时代的演变，这些纹样的寓意也发生了变化，但其独特的艺术风格和民俗文化的底蕴始终如一。纹样与图案的边界往往模糊不清，尤其是在保存完好的传统民居建筑中，如明清时期及以后。这些时期标志着中国传统纹样发展的巅峰，尤其是在梅山地区，建筑装饰纹样的创作更是达到了高峰。主要选择吉祥纹样作为装饰主题，这些纹样不仅美化了建筑，还承载了人们对美好生活的向往和祝福，具有深远的社会和文化意义。

梅山地区的装饰艺术中，装饰题材的选择深受时间和空间的影响，紧密联系着当地的民族民间文化和社会文化习俗。这种装饰艺术不仅展现了时代性和地域性的特征，也显现出浓厚的民族性和历史时期的印记。梅山文化以其独特的宗教信仰、历史传承和民间传说为创作提供了丰富的素材和内涵，塑造了一种兼具外在美和内涵美的审美追求。在装饰题材的选择上，梅山地区的艺术家们倾向于将象征方式与直观的形象相结合，赋予纹样丰富的吉祥寓意。这些纹样不仅体现了民族文化的伦理思想，如福禄长寿、平安吉祥、除凶避灾等美好祈愿，也通过象征意义的赋予，传承和弘扬着悠久的文化传统和高尚的价值观念。艺术家们在继承和发扬传统的同时，通过装饰艺术表达了对美好生活的向往和对吉祥寓意的追求，使每一幅装饰纹样都意味深长，寄托着人们对美好未来的期望和祝愿。

本书根据装饰纹样所呈现的形象或寓意，将其题材划分为以下几类：

祥禽瑞兽纹样、植物纹样、几何符号纹样及文字纹样。

一、祥禽瑞兽纹样

祥禽瑞兽纹在梅山地区装饰艺术中扮演着重要角色，这些纹样常常以原始动物形态为基础，通过艺术家们的创作，融入了当地特有的文化特色和哲理观念。这些纹样不仅仅是装饰，更是一种富有吉祥寓意的象征，体现了人们对美好生活的向往和对祥瑞的追求。在梅山地区的装饰纹样中，常见的动物形象如龙、凤等传说中的神兽形态尤为常见。这些神兽的形态被艺术家们丰富地表现出来，形成了各种各样丰富多彩的图案形式，种类繁多、内容多样，成为民居装饰中不可或缺的重要组成部分。

梅山地区民居建筑装饰艺术中的祥禽瑞兽纹样（见图 5–17），源于工匠们对原始动物形态、主要特征的提炼与创作。工匠们将当地文化特色融入其中，赋予纹样以哲理观念和吉祥寓意。这些装饰纹样不仅包括生活中常见的动物形象，还涵盖了传说中龙、凤等神兽形态，呈现出种类繁多、

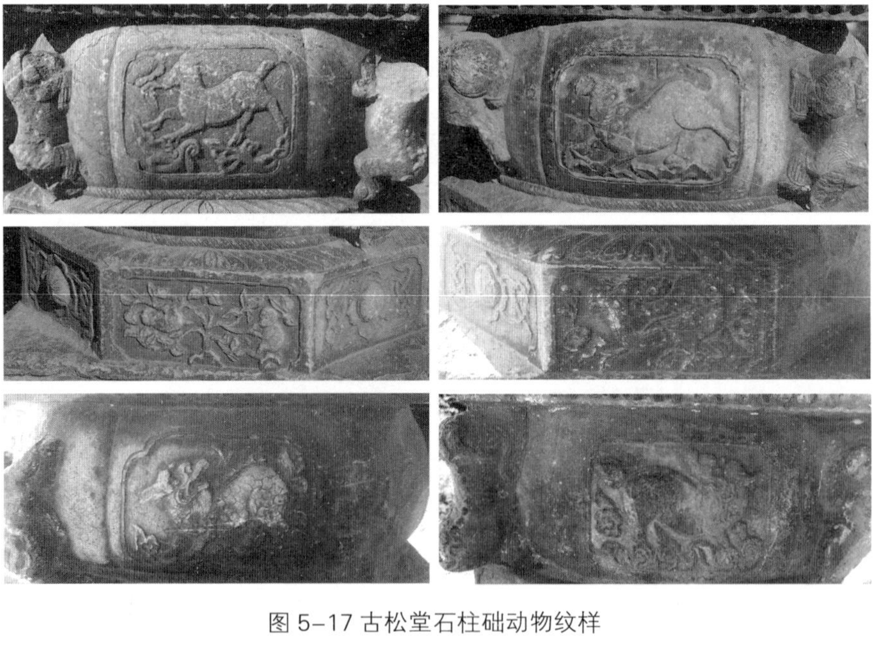

图 5–17 古松堂石柱础动物纹样

内容多样的丰富多彩图案形式，更体现出了当地居民的精神诉求与文化认同。与其他建筑装饰纹样相比，梅山地区民居建筑上的祥禽瑞兽纹样呈现出独特的实用性特点。这一特点源于当地居民使用祥禽瑞兽纹样装饰民居的功能导向，即寻求神灵庇佑、祈求福运。在这一功能导向下，民居建筑上的祥禽瑞兽纹样往往采用简练的线条勾勒出对象的基本形态，省略细节刻画，突出装饰性与象征性，体现出一种“意到即可”的表现手法。这种朴素而直白的表现方式，与其所承载的丰富文化内涵形成鲜明对比，凸显了梅山地区民居建筑装饰艺术的独特魅力。

二、植物纹样

植物纹样作为传统建筑装饰艺术中最为常见且应用最为广泛的纹样形式之一，以其独特的艺术魅力和丰富的文化内涵而备受瞩目。这一纹样形式以大自然中的花草树木等为装饰题材，经过艺术加工处理，如概括、简化、夸张、变形等手法，最终创作出富有独特文化氛围、体现地域性和民族性特点的装饰纹样。其题材选取不仅源自人们日常生活中随处可见的自然物质，更与普通百姓的生活体验紧密相连。纹样设计者往往根据不同植物的生长特性，赋予它们独特的品质，使其超越了植物本身的物质属性，上升为特定人群或品格的象征。因此，通过巧妙运用象征手法，将纹样的外在美与内涵美相结合，或直观或形象或形声地赋予纹样以吉祥寓意，寄托了人们对福禄长寿、平安吉祥、除凶避灾等美好生活的祈望。

梅山地区居民的主要经济活动是农业生产，植物纹样在其民居建筑装饰中占据着重要地位（见图 5–18）。人们用各种各样的植物图案来装点房屋，寓意丰年丰收，表达对美好生活的向往和热爱。这些植物纹样的造型通常比较简洁，经过了概括、简化、夸张、变形等多种艺术加工处理手法，其造型通常比较简洁，布局灵活多变，工匠们善于运用解构、重组、交错、循环等艺术处理方式，巧妙地将纹样的外在美与内涵美相结合，创造出独具特色、富有地域性和民族性的装饰效果。这种艺术处理手法不仅增强了纹样的视觉冲击力，更使其蕴含的文化内涵得以更为生动、形象地展现。

（a）石雕植物纹样

（b）木雕植物纹样（一）

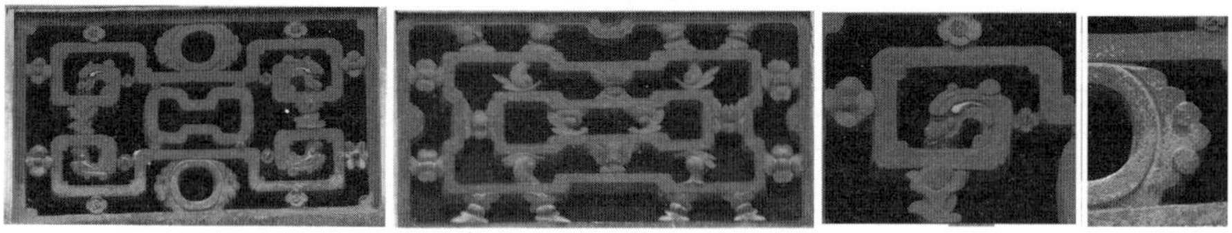

（c）木雕植物纹样（二）

图 5-18　民居植物纹样

植物纹样在装饰艺术中具有丰富的分类和象征意义。其中，花叶纹样以其造型对象的特征划分，通常表现为花瓣数量较多、叶片较大的特征。常见的花叶纹样包括忍冬纹、卷草纹、缠枝纹、十字花纹等，每种纹样都通过艺术加工处理，生动地表现了植物的自然美。莲花纹样象征着“出淤泥而不染”的高尚品性，常被用来表达纯洁和清雅之美；而梅、兰、竹、菊纹样则象征着文人雅士的高洁情操。牡丹纹样则被称为“百花之王”，象征着女性的贤淑大方和高贵富丽的气质。另一方面，果实纹样以其创作题材多样性而著称，常见的包括葫芦、南瓜、石榴等，这些果实纹样蕴含着子孙万代和家族兴旺的美好祝愿。它们不仅丰富了装饰艺术的题材，更通过其寓意，为居住环境增添了文化内涵和美好祝愿。

三、几何纹样

在梅山地区的传统民居装饰中，几何纹样和抽象纹样扮演着重要角色。几何纹样常以三角形、方形、圆形、菱形等几何图形元素为基础，通过规律排列组合展现出韵律美感和符号化的特点。这些纹样在装饰中不仅可以单独使用，也常与其他纹饰相结合，创造出丰富多样的组合效果。几何纹样的形式多样，但在梅山地区的传统民居装饰中，常见的包括回纹、卷云纹、如意纹和兽面纹等。这些纹样形状的追溯可以溯及陶器时期和青铜器时期，经过长时间的演变，从具象逐渐转变为抽象，其原始母体和具体发展脉络难以考证，但其意义功能逐渐模糊，更多地成为表达吉祥寓意和增添装饰美感的方式（见图 5-19）。

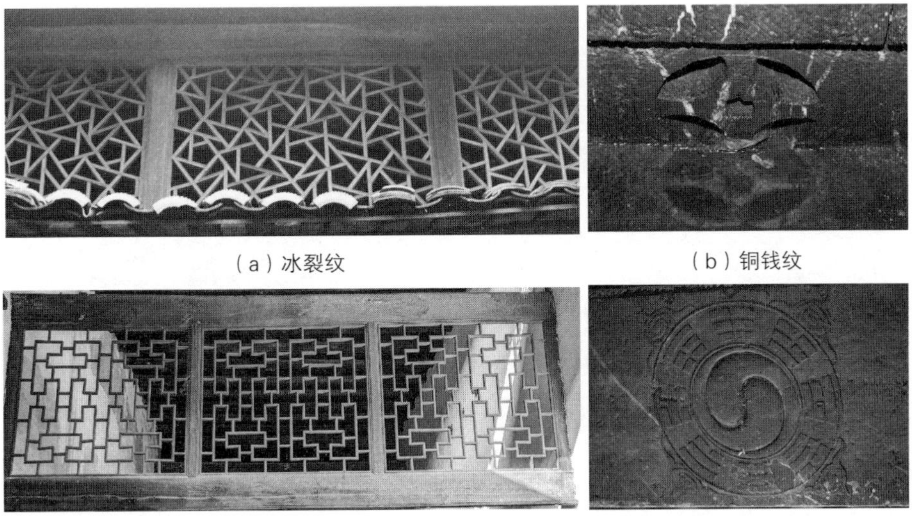

（a）冰裂纹　（b）铜钱纹　（c）方胜纹　（d）八卦纹

图 5-19　几何纹样

四、文字纹样

文字纹样是中国传统建筑装饰艺术中一种独特的表现形式，它将文字与图案巧妙结合，不仅赋予建筑美学价值，更蕴含了深厚的文化内涵。在文字纹样的创作中，“形”与“意”的结合尤为重要。“形”指文字组成的外在形态，讲究均衡、对称与结构的疏密有致，符合构图法则；“意”则指文字本身所表达或被赋予的内在含义，通过吉语祝语、诗词歌赋等直接

图 5-20　文字纹样

表达人们的意识追求与人生哲理。文字纹样的表现方式多样，既有将文字直接装饰于建筑之上，也有将文字与图案相结合、文字配合图案等方式进行主题表达（见图 5-20）。不同风格的书法字体，如悠扬飘逸或抑扬顿挫，都能够产生强烈的装饰效果。通过对文字笔画的长短粗细、转折力度等细节的把控，文字纹样能够充分展现汉字的独特魅力，成为中国传统建筑装饰艺术中一抹亮丽的风景。风风韵韵，或抑扬顿挫、楚楚有致，装饰效果极强。

在梅山地区民居装饰中，文字纹样作为一种独特的艺术表达形式，分为两大类，展现出丰富多样的文化内涵和艺术美感。第一类文字纹样主要以单个文字直接表达文化内涵为特征，常见的如“福”“禄”“寿”等单字，在装饰中广泛应用于门簪、门帽、照壁等位置。这些文字纹样通过简洁直观的形式，明确传递主题，直观地体现了文化的深刻内涵，为居住环境增添吉祥和美好的寓意。第二类文字纹样则与其他纹样元素如祥禽瑞兽、植物、器皿等组合使用，呈现出更为丰富多元的文化内涵。这些文字与其他图案的结合，不仅丰富了装饰的形式和内容，还深化了装饰作品的艺术表现力和审美效果。通过这种方式，文字纹样不仅局限于传统的书法艺术，而是在装饰艺术中发挥出独特的功能和美学意义，成为梅山地区民居装饰中不可或缺的一部分。

第六章

传统民居建筑美学表现与艺术特征

民居作为传统建筑文化中不可或缺的一部分，在人类居住史上占据着重要地位。世代居民充分利用本地有利的自然环境条件，采用经济实惠且天然环保的建造方式，因地制宜地营造出各式民居，以达到抵御恶劣环境因素、营造舒适宜居空间的目的。自穴居、巢居等原始居所始，人们便孜孜不倦地改善着居住环境。经过漫长而广泛的建设实践与不断探索，先民们建造出众多独具美感的民居建筑，既彰显了因地制宜的智慧，也体现了追求美好生活的不懈努力。

第一节　建筑美学和建筑艺术

（1）建筑艺术的诠释

建筑，作为人类创造的物质环境，不仅仅是为了满足生活的实用需求，更是一种艺术的表现形式。它融合了实用性、经济性和美观性，体现了人类的智慧和审美追求。建筑艺术的诠释，需要从多个角度进行深入探讨。

人类的一切活动都旨在创造和获取满足生存与发展所需的两大类产品——有形的实物以及无形的思想成果。前者包括为满足吃、穿、住、行需要的所有动植物及物件，也包括为了生产产品所需要的工具、器具等。如食物、药物、衣服、住屋、车马、船舶、飞机、用具、机器等。后者包括提高思维能力，娱悦精神的一切产品，如文学、戏剧、音乐、绘画、雕塑以及影视等艺术门类的产品。从本质上讲，建筑当然是物质产品，是为了改善、提高生产生活条件而建造的人工环境，住屋对建筑构成的三要素，虽然有“实用、经济、美观”或实用、坚固、美观等不同提法，但首要的都是“实用”。建筑的设计主要遵循功能至上的原则，而非追求纯粹的艺术表达。从平面布置到空间组织，从规模尺寸到安全防护，再到内部装修，每个方面都优先考虑实际用途和使用效果。这种注重实用性的特征，使建筑与以表达情感或理念为主的艺术形式形成鲜明对比。①

自古以来建筑门类是很宽广的，诸如住宅、公寓、商店、会馆、旅店、酒楼、文娱体育建筑、园林建筑、纪念性建筑、宗教建筑、统治阶级的王府、宫殿、坛庙、园囿等，自不待言，皆包含在内，甚至交通方面站场、桥梁、驿站、栈道，水利方面的水坝、涵闸，防御工事的城墙、碉堡等皆可包容在建筑门类之内，几乎所有用建筑材料构筑的实体皆可算作是建筑。从上述现象出发，应该说建筑是艺术品，在这些建筑中可追寻出独特的意蕴和所表达出的明确精神意图，这些设计不仅是工程技术设计，也是一项艰苦的艺术创作。所以有人将建筑与音乐、绘画、雕刻并列为四大艺术门类。

近年以来还特别为实用品的美学设计工作命名为实用美术或工艺美术，高等院校还设置专业培养这方面人才。工业革命以后，实用品大量地摆脱了手工业生产方式，走向机械化、工业化的道路，所以又提出了工业美学、技术美学的概念，同样是为了强化实用品的美感的目的。对于规模巨大、形体复杂的建筑物来说，自然更应该讲求其造型的形式美，使人们更能愉快地接受它、感受它。但是符合形式美的器物不见得都具有艺术表现功能，它并不反映任何精神的教化作用，也不能引导、论证某些思想主题，它仅仅是形式上的“美观”。在日常生活语言中常常把形容器物的美观说成是很“艺术”，实际上“美”与“艺术”是两个不同的概念。建筑

① 刘志宏．新媒体出版视角下的生态民居艺术研究［J］．出版广角，2014（10）：84-85.

美学与建筑艺术也是有不同的内涵的，这是需要说明的第二点。

在实用品的美化过程中，有时可能与某种艺术表现形式叠加，形成“附加艺术”[①]。在纯艺术领域内，不同门类间的相互交融与渗透，催生出全新艺术门类的现象屡见不鲜。比如，话剧与音乐的结合诞生了歌剧，绘画技术的连续发展催生了无声电影，而话剧与电影的融合则创造了有声电影。同样地，将艺术元素巧妙地融入日常实用物品中，形成独具特色的应用艺术或装饰艺术，也是一种广泛存在的文化趋势。这种创作手法不仅实现了实用性与美学价值的完美结合，更在保持物品原有功能的同时，为其增添了丰富的审美内涵。

（2）建筑美学的诠释

美学是一门内容非常广泛，研究界限又非常模糊不定的学问。中外学者的论述也较多，它涉及行为美、思想美、艺术美、技术美等各个方面，在这里不想过多牵涉。但作为技术和艺术的混合体的建筑，它的美学特征主要表现在造型上，所以，美学研究很大程度上将“美”当作一个哲学的虚体对象进行研究，与传统美学将“美”视为抽象哲学概念不同，建筑美与人类生活息息相关，涉及环境、艺术、心理、技术等诸多复杂因素，具有独特而丰富的内涵。建筑美的独特性在于其综合性：一方面，建筑美与所处环境密不可分，既包括自然环境，也涵盖社会人文环境。优美建筑应与周边环境相协调，与自然和谐统一，不同时代、民族、地域的建筑往往呈现出迥异特征，反映出各自独特的环境背景。另一方面，建筑美与艺术有着紧密联系，建筑设计须遵循艺术美的基本规律，在形式、比例、节奏、对比等方面体现出艺术美的要素。

建筑美还与心理因素和技术因素相互影响。建筑由人创造，为人使用，其美感必须能够引发使用者的积极心理反应。成功的建筑设计应考虑人的感受，通过空间布局、光影变化、材料质感等方面，创造出舒适、愉悦的心理体验。同时，建筑美也离不开技术因素。建筑设计必须符合建造

① 徐跃东．民居艺术浅析［J］．美术研究，2006（04）：73–76.

技术的条件限制，具备可实施性。优秀建筑往往体现出高超的技术水平和创新性的技术应用，建筑技术本身也成为建筑审美的重要环节。

第二节 民居建筑美学

民居建筑环境美学是一个专门探讨如何使民居建筑与周围环境达成美感平衡的领域。它涉及民居选址规划、空间布局、外观设计、建材选用、色彩运用、庭院设计等诸多方面，旨在打造一个既与自然环境交相辉映，又能满足居住者审美需求的生活空间。

作为建筑类型中最注重实用与经济的民居建筑，其设计追求的是美学表现，而非艺术创作，因为绝大部分业主不会在建造住宅时额外提出精神创意的要求[①]。影响民居建筑美学感受的三个主要因素是尺度、色彩和材质。按照民居建筑形式的构成要素，可以将其美学设计划分为以下几个方面：环境方面，包括尺度、色彩、光影变化以及各种空间构成材料的质地；空间方面，涉及空间尺度大小的转换和光线的变化；建筑材料方面，涵盖色彩、质地和材料的加工程度；结构方面，体现在尺度和力学表现上；构造方面，则与尺度和加工技术的表现相关。

（1）民居建筑环境美学

民居建筑所处的环境对其美学表现有着重要影响。环境的尺度关系到建筑与周围环境的协调性，恰当的尺度设计能够使建筑与环境形成和谐的对话，营造出宜人的居住氛围[②]。环境中的色彩和光影变化也是塑造建筑美感的重要因素，设计师需要充分考虑不同时间、不同季节下环境色彩和光影的变化规律，并将其巧妙地融入建筑设计中，以营造出丰富多变的视觉效果。此外，环境中各种空间构成材料的质地也是影响建筑美感的重要因素，设计师需要根据材料质地的特点，合理地选择和搭配，以营造出富有

---

① 张引.《地域民居建筑设计》[J].现代出版，2024（04）：102.

② 王效康，韦宜佑.基于图式融合的传统民居改造设计研究——以凤凰客栈为例［J］.装饰，2023（09）：124-127.

质感和肌理美的建筑形象。

（2）民居建筑内部空间美学

建筑内部空间的设计是民居建筑美学的核心内容。空间的尺度设计直接关系到居住者的心理感受，合理的尺度设计能够营造出舒适、亲切的居住体验①。同时，空间尺度的变化和过渡也是塑造空间韵律感和节奏感的重要手段，设计师需要通过对空间的压缩与释放、开敞与封闭等手法的运用，营造出富有动态美和节奏感的空间序列。光线在空间中的变化也是影响空间美感的重要因素，设计师需要充分利用自然光和人工光源，营造出明暗变化、虚实交错的丰富光影效果，以塑造空间的意境美和诗意美。

（3）民居建筑材料美学

建筑材料的选择和运用是民居建筑美学的又一个重点。材料的色彩和质地直接影响着建筑的美学表现，因此设计师需要依据建筑的风格定位和美学诉求，甄选恰当的材料色彩和质地，并通过巧妙的材料组合与搭配，塑造出独特的建筑肌理和视觉效果。此外，材料的加工程度也是影响建筑美感的重要因素之一。设计师应当根据材料的特性，运用不同的加工工艺和手法，以彰显材料的天然美感和肌理特点，打造出富有质感和韵味的建筑表情。

（4）民居建筑结构美学

民居建筑美学中不可忽视的另外两个方面是建筑结构和构造。结构尺度对建筑形态和空间感受有着重要影响，设计师需要通过合理的结构尺度设计，塑造出简约大气、厚重稳健的建筑形象。与此同时，结构的力学性能也是影响建筑美感的关键因素，设计师应充分利用结构的力学特点，通过创新的结构形式设计，营造出富有动态美和韵律美的建筑形态。除此之外，建筑构造的尺度和加工工艺也是塑造建筑美感的重要手段。精巧的构造尺度和精湛的加工工艺能够彰显建筑的精致质感和工艺之美，进而为建筑增添无穷魅力。

---

① 韩璐.基于乡村旅游经济发展的乡村古民居更新设计保护策略［J］.建筑结构，2022，52（18）：170.

第三节　民居建筑美学与艺术体现

一、朴素的哲学之美

传统民居建筑体现了古代哲学思想的深邃内涵和含蓄表达，是中华民族悠久历史智慧的结晶。这一美学思想在传统民居的营造与布局中得到了淋漓尽致的展现，不仅体现了古代朴素而深刻的唯物主义观点，更反映了先民对宇宙人生的深邃思考。“天人合一”的理念强调个人与社会、个体与群体之间的和谐统一，同时也重视人与自然、人与人之间的协调与平衡[①]。这一理念贯穿于传统民居的方方面面，使其成为中华文化的重要载体和表征。

中国传统民居整体上以和谐为特点，村落间道路纵横交错，四通八达，体现了乡村聚落布局的合理性与便捷性。邻里之间鸡犬相闻，呈现出乡村生活的闲适与安逸，彰显了邻里关系的亲密无间。个体民居的设计独具匠心，既兼顾了功能性和实用性，又体现了美学追求，在材料选择、色彩搭配、质感细节上精妙多变，与青山绿水、繁花似锦的村落环境相得益彰，构成了一幅天人合一、相互映衬的和谐画卷。然而，当居所主人置身于这些精心营造的空间时，外在的景致反而淡化为潜隐状态，居者可以暂时忘却尘世的喧嚣与烦扰，专注于内心的宁静与澄明。

民居的真正价值不在于展示表面的富丽堂皇，而是为居者打造一片宁静祥和的生活天地，让居者能够在繁杂的世俗生活中获得身心的放松与慰藉。传统民居深谙道家哲理，崇尚自然，体现了道家“道法自然”的思想精髓。聚落从原始荒野中崛起，为抵御自然界的风雨侵袭，房屋应运而生，院墙拔地而起。墙体在隔绝外界干扰的同时，又通过开窗引入窗外美

① 崔伊飞，韩亚坤，祖佳. 中国传统民居建筑艺术与美学［J］. 山西建筑，2008（30）：71–72.

景，绿纱之外，虫鸣鸟叫依稀可闻，令人追忆起大自然的野趣盎然。这种设计理念体现了人与自然和谐共生的思想，展现了人类社会与自然界相互依存、共同发展的美好愿景。人与自然之间保持适度的距离，既能满足生活的需求，又能欣赏自然之美，由此产生了一种特殊的美感，居所则成为实现这种美感的重要媒介。这种内在精神之美不仅体现在艺术表现形式上，如传统民居中精美的雕梁画栋、细腻的装饰纹样等，更体现在传统民居营造的整体环境和居民的生活情境中。

二、强烈而浓郁的艺术之美

（1）自然之美

传统民居与周遭的自然环境交相辉映，形成了一个有机融合的整体。正如古人所言“质本洁来还洁去，强于污淖陷渠沟”，民居建筑通过对场地环境的巧妙因应，运用层次渐进的空间变化、灵活多样的空间组合分割以及对外部景观的借用框景等手法，将建筑与山水竹林等自然要素巧妙融合，并匠心独具地营造了庭院景观，最终创造出了一个优雅而和谐的人居环境[①]。这种建筑与自然相互交融的意境，不仅静态地体现在空间形态中，更是动态地渗透于居民的日常生活里。或依山傍水、高低错落，与山水融为一体；或恬淡虚静、简约空灵，彰显返璞归真的生活态度；或庭院幽深、四时变幻，营造闲适安逸的意境。这些丰富的空间层次、细腻的光影变化、鲜活的生活气息，共同交织出民居特有的诗情画意，给人以强烈而又鲜明的艺术感受。

民居之美的精髓，在于其摆脱了形式的束缚，立足场地条件，顺应自然规律，以朴素而灵动的方式，将建筑理念、生活情趣、美学追求等融会贯通，并付诸具体的营造实践，最终创造出一个与自然和谐共生的人居环境。这种建筑营造范式所呈现的意蕴，揭示了民居魅力得以历久弥新的深层机理，同时也彰显了人与自然和谐共生这一亘古不变的生态智慧。

① 徐跃东．民居艺术浅析［J］．美术研究，2006，（04）：73-76.

（2）民居的装饰装修艺术之美

民居装饰装修艺术之美，在于其朴素却不失精巧、简约而富于变化的特质，体现出高雅的审美情趣和中华民族的智慧结晶，它巧妙地融合了平面与立体艺术，包括绘画、色彩运用、图案设计，以及书法创作、匾额制作和楹联布置等。这些多样化的艺术元素经过精心的组合与配置，形成了一个和谐统一的整体。通过这种艺术手法，传统民居不仅呈现出独特的建筑特性，还营造出令人赏心悦目的美学氛围，最终达到了一种高度融合的艺术境界。

塑形装饰是传统民居建筑的一大艺术特色。设计师和工匠们对建筑上部轮廓线的变化赋予了极高的重视，通过营造丰富多变的天际轮廓，赋予建筑饱满的量感和强烈的视觉张力，以彰显独特的美学价值。马头墙堪称其中的典范。设计师以抽象化的艺术语言，将马头墙塑造成昂首嘶鸣、气势逼人的形象；工匠们则根据屋面坡度因地制宜，以简洁流畅的线条塑造出形态各异的马头造型。这种将丰沛的想象力与精湛的技巧完美融合的创作方法，不仅赋予马头墙组合以“天马行空”般的艺术神韵，更使其成为皖南民居装饰艺术的一大亮点，令人叹为观止。

传统民居的塑形装饰艺术中，精湛的雕刻工艺和丰富多彩的彩绘技法占据了核心地位。这些装饰手法不仅是点缀，更是构建民居整体美学的关键要素。工匠通过巧妙地在建筑空间中布置和融合各种装饰元素，创造出一种和谐统一且相互映衬的视觉效果。这些精湛的装饰技艺不仅展现了手工艺人高超的技巧，更凝结了其倾注的心血和智慧结晶，赋予传统民居以独特而迷人的艺术魅力，彰显了中华民族的审美追求和文化内涵。

在色彩装饰方面，民居多以材料本色或清淡色调为主，体现出含蓄典雅的审美品位和中华民族崇尚自然、追求平和的文化理念。乡村建筑民居青睐于大面积素雅的青灰色调，并将其作为墙面和屋顶的主色调，营造出沉稳淡雅的视觉氛围。江南地区的传统民居以其独特的色彩搭配而闻名，形成了一种典型的视觉风格。这些建筑多以洁白的粉墙为主要背景，配以深沉的灰黑色瓦片屋顶，结构上采用温暖的栗壳色调梁柱，装饰元素则使用淡褐色或保留自然木纹，同时以白色墙面和灰色窗框作为细节点缀。这种精心设计的色彩组合创造出视觉上的平衡与和谐，呈现出素雅清新的美感，同时营造宁静祥和的氛围。这种将自然材料色彩与朴素设计理念完美结合的做法，赋予了江南民居独特的美学魅力，堪称中国传统民居色彩运用的典范。相比之下，少数民族民居的色彩运用则呈现出更为丰富多元的面貌，大胆而鲜艳的色彩组合充分彰显了不同民族的审美趣味和文化内涵，昭示着多元文化交融碰撞所迸发的艺术活力。

（3）形式之美

民居建筑作为一种空间塑造的艺术形式，其视觉魅力主要源于形体、色彩、材质三个维度的巧妙运用[①]。从形式构成的视角审视，它可以被拆解为环境空间、建筑空间、材料选用、结构形态、构造处理等由宏观到微观、由外及内的多个层次。其中至关重要的是环境与建筑空间形体的创造。中国传统民居在外在表现上既和谐统一，又富于变化，其魅力在于通过群体营造实现整体效果的提升。纵观同一村落，个体民居虽然在风格上保持一致，但绝非雷同模式，而是通过参差错落的布局、虚实相生的组合，营造出丰富多元的情趣和意境。高低起伏的屋顶、明快对比的色彩、跳跃有致的门窗韵律，无一不令人感受到如诗如画般的节奏与旋律，彰显出传统民居在空间组合和美学追求上的卓越匠心。

传统民居的外观设计充分体现了与自然环境和谐共处的理念。其造型艺术巧妙运用了多种手法，如虚实交错、轮廓圆润、曲线丰富等，在保持整体稳重感的同时，又引入了富有变化的元素。这种设计不仅使建筑本身富有美感，更重要的是能够与周围自然景观和谐融合，形成一个统一的艺术整体。通过这种精心的外部造型设计，传统民居既展现了独特的建筑美学，又呈现出与环境共生的智慧，创造出一种既稳重又灵动、既独立又融合的艺术境界。西双版纳的干栏式竹楼就是一个典型的例证。悬空的底

① 刘华龙．论建筑艺术的美学内涵［J］．中州学刊，2008，（03）：230–232.

层营造出轻盈飘逸的视觉效果，与厚重饱满的屋顶形成强烈反差，虚实相映，动静相宜，呈现出独具魅力的艺术造型。这种精妙的空间处理策略不仅满足了使用者的功能需求，更传达了人们对自然环境的敬畏之心和美学追求，将实用性与审美性完美结合。

传统民居以其独特的艺术表现形式，彰显出中华民族在建筑营造方面的非凡才华和审美追求。设计师们通过个体与整体、虚与实、曲线与直线等元素的精妙组合，打造出与自然环境和谐共生、诗意盎然的生活空间。这种将功能性与艺术性完美结合的建筑设计，不仅满足了居住者的物质需求，更丰富了精神世界，成为中国传统文化的重要载体和表现形式，承载着先人的智慧结晶和美学理想。

三、地方风情的民族之美

传统民居的设计与布局不仅仅是功能性考量的结果，更是地域文化和居民特质的生动体现。北方民居以其简练、实用和厚重的特点，呼应了北方人爽朗直率的性格；南方民居则以其灵巧多变的造型、精妙的空间布局和含蓄的色彩运用，映射出南方人细腻内敛的气质。这种地域差异不仅体现在单体建筑上，更延伸至建筑群组合、院落规划等多个层面，形成了富有地方特色的建筑艺术风貌。这一现象凸显了地理环境和人文因素对建筑风格的深远影响，展现了传统建筑因地制宜、与自然和谐共存的智慧。这些独特的民居形态不仅满足了基本居住需求，还成为承载当地生活方式、价值观和审美情趣的重要载体，进而成为地域文化的象征和社会特征的缩影。

四、淳朴的实用之美

传统民居的设计理念展现了实用功能与艺术价值的完美结合。尽管其空间布局、结构设计和构件选用主要源于实际需求，但这些元素却巧妙地创造出了独特的美学价值。以马头墙这一典型特征为例，它最初被设计为防火隔离带，墙顶的竖立青瓦则是为了便于屋顶修缮。然而，这些源于功能考虑的设计元素，在周围自然景观的映衬下，却呈现出令人赞叹的艺术效果。成群的马头墙在山水环境中形成了一幅既古朴典雅又变化多端的画面，为水乡民居增添了独特的视觉魅力。

中国传统民居在南北方的院落类型上存在显著差异，这种差异既反映了不同地域的气候特点，也体现了居住者的生活方式和审美偏好[①]。南方的传统民居常见于江南水乡，以水为中心，建筑通常围绕水池或河流展开，天井式布局被广泛采用。这种设计不仅能满足南方湿润气候的通风需求，还能利用水体调节微环境，改善居住环境的舒适度和美观性。相比之下，北方的传统民居多以四合院为代表，以院落形式布局，形成天井式结构，有利于采光和通风的设计。这种布局不仅适应了北方干燥寒冷的气候特点，还通过院落内的植被和建筑布局，实现了小气候的调节和环境的美化。无论是南方的水乡民居还是北方的四合院，它们的设计都体现了对自然环境的充分利用和对居住舒适度的高度关注。这种传统民居的设计理念不仅在当时满足了居民的生活需求，也具备了较高的可持续性和美学价值。

五、自然的生态艺术之美

中国传统民居是一部融合了自然美学的生态艺术经典，其设计理念与建造方式充分体现了人与自然和谐共生的环境意识。传统民居因地制宜，巧妙利用当地的地形地貌，在建筑布局上顺应自然，随高就低，错落有致。无论是依山而建的西南干栏式民居，还是紧邻河道的江南水乡民居，亦或是依崖而凿的甘肃窑洞住宅，都展现出了传统民居与自然环境完美交融的生态艺术之美。这种天人合一的布局手法不仅节约土地资源，更是注重水土保持，与周围的自然景观浑然一体，构成一幅和谐统一的美丽画卷。

传统民居在材料选择上充分体现出对自然的敬畏与和谐。因地制宜是传统民居的首要准则，砖、瓦、木、泥等朴素无华的材料，在能工巧匠的精雕细琢下焕发出自然纯朴的美感。例如，傣族竹楼利用丰富的竹材资

① 瞿菊，宫艺兵．桂西北传统民居的生态设计特征及其价值研究［J］．设计艺术研究，2023，13（01）：47-51.

源，巧妙地运用竹材构建房屋，不仅保持了良好的保温隔热效果，还展现了乡土情怀和质朴率真的生活态度。这些传统民居不仅仅是建筑形式，更是一种生态理念和文化传承的载体。它们采用天然材料，如竹、木、泥等，不仅具有艺术魅力，还在现代建筑实践中展现了可持续发展的潜力。通过传承和弘扬传统建筑技艺，这些民居不仅保留了历史的痕迹，也为当代社会提供了一种重拾自然、回归自然的生活方式的可能性。

传统民居在材料选择上充分体现出对自然的敬畏与和谐。因地制宜是传统民居的首要准则，砖、瓦、木、泥等朴素无华的材料，在能工巧匠的精雕细琢下焕发出自然纯朴的美感。傣族竹楼善用当地富集的竹材资源，利用竹材表里色泽质地的差异，编织出图案花纹，点缀建筑外墙；窑洞民居则巧妙利用黄土卓越的保温隔热性能，打造出冬暖夏凉的舒适居所。这些材料的精妙运用不仅凸显了人与自然的密切关系，更是在视觉和功能上彰显出天然材料的独特韵味。传统民居建筑以其亲切的乡土情怀、质朴率真的气质以及与自然和谐共生的生态理念，散发着恒久的艺术魅力，值得在现代建筑实践中不断传承和弘扬。

第七章

传统民居的研究与保护

民居，作为人类文明进程中不可或缺的一环，蕴含着丰富多彩的历史文化内涵。它不仅见证了人类社会的发展历程，更凝聚了不同时期人们的智慧结晶。民居的建筑形态、空间布局、材料运用等方面，都深刻反映了当时的社会制度、生产方式和价值观念。因此，深入研究民居的历史文化内涵，对于认识人类文明的发展脉络具有重要意义。通过对民居的考察和研究，可以洞察不同历史阶段人们的生活状况、思想观念和审美情趣，进而加深对人类文明演进规律的理解。

纵观历史长河，民居不仅为人们提供栖身之所，更是文化传统和社会结构的缩影。在漫长的历史发展中，民居与人们的生活方式、风俗习惯、宗教信仰等密切相关，成为传承文化、凝聚社会的重要载体。不同时期的民居，其建筑形式、空间布局、装饰风格等，都饱含着丰富的历史信息和文化内涵。通过解读这些信息和内涵，可以深入剖析不同历史阶段社会的发展状况、文化特点和审美取向，进而揭示人类文明演进的内在逻辑和动因。

民居的建筑风格、构造形式以及装饰艺术，无不体现了当时社会的发展程度和人们的审美趣味。民居的建筑风格往往与当地的地理环境、气候条件、建筑材料等因素密切相关，体现了人们对自然环境的适应和利用。同时，民居的构造形式和装饰艺术也反映了当时的科技水平和工艺水准。不同时期的民居，其建筑结构、装饰手法、艺术风格等，都蕴含着丰富的技术智慧和美学追求。通过分析这些要素，可以深入了解不同历史阶段人们的生产生活方式、科技发展水平和审美情趣，进而揭示人类文明发展的内在规律。

纵观不同地域和族群，民居呈现出独具一格的风貌，彰显着各自文化的特点与魅力。中国幅员辽阔，各地区的自然环境、历史文化、民族特点等差异显著，这些因素都对民居的形态和风格产生了深刻影响。不同地域的民居，无论是建筑材料、空间布局，还是装饰风格、色彩运用等，都具有鲜明的地域特色。这些独特的民居风貌，不仅反映了各地的文化传统和审美情趣，更彰显了中华民族多元一体的文化魅力。通过比较研究不同地域民居的特点，可以深入理解中华文明的多样性和包容性，进而加深对中华民族文化特质的认识。

随着科技的日新月异和社会的变迁，民居建筑也在不断演变和革新。现代科技的发展为民居建筑提供了更多的可能性，新材料、新工艺、新技术的运用，使得民居的功能更加完善，居住环境更加舒适。同时，现代社会的生活方式和审美观念也对民居建筑提出了新的要求，如何在继承传统的基础上，融入现代元素，创造出既有文化特色又满足现代生活需求的新型民居，成为当前民居建筑发展的重要课题。梅山传统民居散发着浓郁的地域文化气息，造型朴实多样，气质古朴厚重，与自然环境和谐共生，具有极高的保护价值。梅山地区的传统民居经过了长期的历史演变，形成了独具特色的建筑风格。其朴实无华的造型、多样化的布局形式，体现了当地人们的生活智慧和审美情趣。这些民居与周围的自然环境相互交融，呈现出人与自然和谐共生的美好景象。作为宝贵的文化遗产，梅山传统民居具有极高的历史、文化和艺术价值，亟须加以保护和传承。如何弘扬传统文化，汲取梅山传统民居的精髓，打造具有当地文化特色的新式民居建筑，实现传统文化的传承和发展。

第一节　梅山地区传统民居的现状与保护

一、传统民居留存现状

伴随城市化进程的深入推进，大规模城镇改造导致了众多历史遗存的快速消亡，其中包括古城镇、古村落及传统建筑等珍贵的文化遗产。在社会经济高速发展的背景下，城镇化进程不断加速，大量的新建筑拔地而起，而古老的城镇、村落和建筑却面临着前所未有的挑战。现代化建设带来的大规模拆迁和重建，对这些历史遗存造成了严重的破坏。许多古城镇和古村落在短时间内就遭到了毁灭性的打击，一些珍贵的古建筑也在这一过程中消失殆尽。这种建设性破坏对于文化遗产的保护和传承构成了巨大的威胁，亟须引起社会各界的高度重视。

保护和更新的要求非常迫切。面对古城镇、古村落及古建筑面临的生存危机，保护和更新已经成为当务之急。一方面，要加大对这些历史遗存的保护力度，通过完善相关法律法规、加大资金投入、完善管理机制等措施，切实保护好这些宝贵的文化资源。另一方面，也要积极探索古建筑的更新和再利用途径，在保护其历史风貌和文化价值的同时，赋予其新的功能和活力。只有通过保护和更新的有机结合，才能实现古城镇、古村落及古建筑的可持续发展，让这些历史文化遗产在现代社会焕发新的生机。

随着社会经济的发展，传统民居内居民的生活水平显著提高，对居住环境的要求也随之提升，渴望拥有更加舒适、现代化的住宅。在这种诉求的驱动下，许多居民选择了彻底拆除原有的老建筑，取而代之以现代化的砖瓦住宅。虽然这种做法在一定程度上改善了居住条件，但也导致了大量传统民居的消失。

历经岁月长河的侵蚀，许多古建筑的砖木结构已呈现严重的自然损耗。近年来发生的严重自然灾害，进一步加剧了传统民居和历史建筑的破损程度。一些古老的建筑由于年代久远，经历了漫长的风雨侵蚀，其砖木结构已经出现了严重的破损。这些建筑本就处于岌岌可危的状态，伴随着频发的自然灾害更是加剧了传统民居和建筑的损毁程度。受损的建筑不仅失去了原有的结构稳定性，也面临着坍塌的危险。这种情况不仅给居民的生命财产安全带来了威胁，也使得这些古建筑的保护和修缮工作面临更大的难度和挑战。

旅游经济和游客的到来也带来了各种毁损。随着旅游业的蓬勃发展，许多古城镇和古村落成为热门的旅游目的地。大量游客的涌入，为当地经济注入了新的活力，但也带来了诸多负面影响。一些游客缺乏必要的文明素养和保护意识，对古建筑和历史遗存造成了各种破坏。乱刻乱画、攀爬损毁、随意丢弃垃圾等不文明行为屡见不鲜，给古建筑和历史环境带来了难以挽回的伤害。同时，过度的商业开发也导致了一些古村落原有风貌的丧失，大量仿古、异化的建筑和设施的出现，破坏了历史环境的真实性和完整性。

在历史聚落或古城区进行现代建筑的规划与建造时，设计理念和手法若与传统风貌不相协调，往往会破坏原有的人文景观整体性。这种不恰当的建筑实践不仅影响了传统民居的视觉和谐，更可能损害了整个历史环境的文化价值。因此，在这些具有深厚历史底蕴的区域进行新建或改建时，需要格外谨慎，确保新旧建筑能够和谐共存，既满足现代生活需求，又能保护和延续传统文化特质。一些新建筑没有很好地考虑与周边历史环境的协调性，在建筑风格、体量、色彩等方面出现了与传统民居格格不入的情况。这种不和谐的建筑不仅自身缺乏美感，也破坏了古村落或古城整体的历史风貌，削弱了传统民居景观的完整性。

二、传统民居的保护

梅山传统民居，作为湖南地区传统文化的重要载体，不仅是历史发展的见证，更是当地居民生活的现实写照。这些民居凝聚了先人的智慧与审美追求，彰显了当地独特的地域特色和深厚的文化内涵。然而，在现代化进程的冲击下，传统民居正面临诸多挑战与威胁，迫切需要采取有效措施加以保护和传承。

首先，保护传统民居需要建立健全相关的政策法规体系，为保护工作提供制度保障。政府相关部门应当制定专门的法律法规，明确传统民居保护的目标、原则和措施，规范保护工作的流程和标准。同时，要加大执法力度，严厉打击破坏传统民居的违法行为，维护传统民居保护的法律权威。只有建立起完善的政策法规体系，才能为传统民居保护提供坚实的制度基础。

其次，传统民居保护需要专家学者的科学规划和技术支持。保护工作应当立足于全面、系统地调查研究，深入了解传统民居的历史渊源、建筑特色、文化价值等，形成科学的保护规划和方案。要充分发挥建筑、规划、历史、文化等领域专家学者的作用，运用现代科技手段，对传统民居进行测绘、档案建设、结构加固等，提高保护的科学性和针对性。同时，要加强传统技艺的保护和传承，培养一批掌握传统营造技术的工匠，为传统民居的修缮和维护提供人才保障。

最后，传统民居保护需要充分发挥当地居民的主体作用，增强公众的保护意识和参与度。传统民居是当地居民生活的重要载体，与人们的日常生活息息相关。因此，要加大宣传教育力度，普及传统民居保护的知识和理念，增强居民的文化自信和主人翁意识。要鼓励和支持居民参与传统民居的日常管理和维护，发挥在环境整治、风貌塑造等方面的积极作用。只有当地居民真正成为传统民居保护的主体力量，才能形成全社会共同参与保护的良好局面。

三、传统民居保护对策

（1）静态保护

传统民居作为历史文化遗产，其保护和利用应当遵循科学化、规范化的原则，采取多样化的保护策略，以实现传统文化传承与现代社会发展的有机结合。

对于具有重要文物价值的民居建筑，应当坚持“保护为主、抢救第一”的原则，采取修缮加固等措施，最大限度地保留其历史风貌和建筑特色。修缮过程中要严格遵循“修旧如旧”的理念，尊重民居建筑的原有材料、结构和工艺，避免过度干预和人为破坏。同时，可以适度调整民居建筑的功能，将其改造为博物馆、纪念馆、旅游景点或专门的研究机构，在发挥其文化价值的同时，带动当地文化事业和旅游经济的发展。这种保护利用模式不仅能够延续民居建筑的生命力，更能够为公众提供亲身感受和了解传统文化的机会，促进社会各界对传统民居保护的认同和支持（见第八章案例一）。

另一种保护利用模式是在保持民居建筑居住功能的基础上，进行整体性的原生态保护或典型性的改良保护。对于具有完整格局、独特风貌的民居聚落，可以采取整体性保护措施，完整保留其传统布局、建筑形态和生活方式，使其成为展示地域文化特色的“活化石”。同时，要加强对居民的引导和支持，鼓励继续传统的生产生活方式，延续非物质文化遗产的生命力。对于具有典型地域特色、但存在一定损毁的民居建筑，可以在充分尊重原有建筑特点的基础上，进行适度的修缮和改良，提升其安全性、舒适性和实用性，使其能够适应现代生活的需求。这种保护利用模式能够在最大限度保留传统民居特色的同时，满足居民日常生活的需要，实现传统文化与现代生活的和谐共生。

在特殊情况下，为了更好地保护和利用具有重要价值的民居建筑，可以采取整体搬迁的方式，将其异地重建。这种保护模式虽然不可避免地改变了民居建筑的原始环境和人文背景，但能够最大限度地保留其建筑风貌和文化内涵，为后人留存宝贵的历史记忆。异地重建应当严格遵循原有建筑的选址、布局、材料、结构等要素，力求再现原有民居建筑的风貌和气质。同时，要加强对重建过程的监管和指导，确保工程质量和文化传承的有效性。

（2）动态保护

动态保护是结合旅游需要对民居进行的一种创新性保护模式，是在保护传统民居文化内涵的基础上，因地制宜地进行再创造和再利用的过程。这种保护模式通常是在其他基地上，仿照传统民居的建筑样式、空间布局和装饰风格等，重新营造具有浓郁地域特色和文化氛围的建筑群落，如文化生态园、民俗村等。

动态保护的核心理念是在传承传统文化精髓的同时，赋予传统民居以新的生命力和时代内涵。通过对传统民居建筑元素的提取、转化和再创造，动态保护能够在一定程度上再现传统民居的风貌和气质，让游客身临其境地感受传统文化的魅力。同时，这种保护模式能够有效地解决原址保护面临的空间局限、功能适应等问题，为传统民居文化的传播和利用提供更为广阔的平台。

在实施动态保护的过程中，要高度重视对传统民居文化内涵的挖掘和诠释。通过深入的田野调查和文献研究，全面了解传统民居的历史渊源、建筑特色、生活方式等，提炼其中的核心文化元素，并运用现代手段进行艺术化的展示和呈现。同时，要注重动态保护与当地自然环境、人文景观的有机结合，营造具有整体性、协调性的文化氛围，提升游客的体验质量和满意度。

第二节　传统民居生态特征对未来人居环境的启示

一、自然生态的拓展

（1）合理应用与开发资源和能源

传统民居在长期的发展过程中，积累了丰富的生态智慧和可持续发展理念。这些宝贵的经验和知识，对于当今住宅设计中资源和能源的合理开发与利用，具有重要的借鉴意义和指导价值。

传统民居在水资源的利用方面，体现了高度的生态智慧。在许多地区，传统民居往往配备有专门的雨水收集和储存系统，如水缸、水井等，可以在雨季将大量的降水储存起来，用于干旱时期的生活用水和农业灌溉。这种做法不仅有效缓解了水资源短缺的问题，也减少了对地下水的过度开采，具有显著的生态效益。现代住宅设计可以借鉴这一理念，结合现代科技手段，建立完善的雨水收集和利用系统，实现水资源的可持续利用。

在建筑材料的选择上，传统民居多采用就地取材的方式，充分利用当地的木材、石材、竹材等天然材料。这些材料不仅具有良好的生态属性，而且与当地的自然环境相协调，体现了人与自然和谐共生的理念。现代住宅设计在继承传统材料的基础上，还应积极开发新型生态材料，如再生材料、低碳材料等，减少对不可再生资源的消耗。同时，要加强对传统建筑材料的改良和提升，运用现代科技手段，提高其性能和适用性，使其能够更好地适应现代生活的需求。

在能源利用方面，传统民居往往根据当地的气候特点，采取了一系列因地制宜的节能措施，如合理布局、自然通风、遮阳避光等，最大限度地利用自然能源，减少对化石能源的依赖。现代住宅设计应继承和发扬这些生态节能的理念和技术，同时积极拓展新能源的应用，如太阳能、风能、地热能等，实现能源的可持续利用。例如，可以在住宅设计中合理布置太阳能集热板、光伏电池板等，将太阳能转化为电能和热能，满足住宅的用电和采暖需求。

此外，现代住宅设计还应重视对传统民居中其他生态技术和理念的继承和创新，如就地取材、因地制宜、循环利用等，将其与现代科技手段相结合，开发出更加先进、高效、环保的建筑技术和产品。那些不再适合现代生活的传统民居，可以在保护其文化价值的基础上，进行适度的改造和更新，赋予其新的功能和活力，使其能够适应现代生活的需求。

（2）尊重自然，协调发展

现代城市建设中，大量资源和能源的消耗已经成为一个亟待解决的问题。许多现代建筑过度依赖空调等人工设备来调节室内环境，不仅消耗了大量能源，而且对人体健康也存在一定的负面影响。与之相比，传统民居建筑往往能够更好地适应当地的自然气候条件，在减少能源消耗的同时，为居民创造了舒适、健康的生活环境。因此，在现代民居设计中，遵循气候特点、借鉴传统生态技术，对于实现建筑的可持续发展具有重要意义。

民居设计应以地域气候特征为指导，采用适地适宜的策略。其过程需遵循“气候—生物—技术—建造”的系统思路，全面考量当地温度、湿度、光照和风向等环境因素，并运用生态技术，打造与自然和谐共生的建筑形态。传统民居与自然环境的密切关联，源于先民对本土气候的深入洞察和巧妙应用。善于利用建筑朝向、空间布局和材料选择等要素，最大程度地适应当地气候条件，从而塑造出富有鲜明地域特色的居住空间。这种传统智慧不仅体现了人与自然的和谐共处，也为现代可持续建筑设计提供了宝贵借鉴。通过传承和创新这些生态设计理念，能够在满足现代生活需求的同时，更好地延续地域文化特质，创造出既舒适宜居又富有文化内涵的现代民居。

顺应当地气候进行民居设计，不仅能够彰显地域特色，而且可以显著减少对室内能源系统的依赖。传统民居通过合理的平面布局、立面造型、材料选择等，实现了自然通风、采光、保温等功能，减少了对空调、照明、供暖等人工设备的需求。相比之下，许多现代建筑过度依赖人工环境控制系统，一旦资源紧缺或设备故障，就会陷入困境。在当前人口激增、资源日益紧张的背景下，借鉴传统民居的生态技术和理念，对于缓解城市建设压力、实现可持续发展具有重要意义。现代民居设计应当深入研究当地的气候特点，合理利用太阳能、风能等自然资源，优化建筑的朝向、体形、开窗等，最大限度地获取自然采光和通风。同时，要重视对传统建筑材料的继承和创新，发掘其在调湿、隔热、吸音等方面的优势，并与现代新材料相结合，开发出更加高效、环保的建筑材料体系。在空间布局上，要借鉴传统民居的庭院、天井、廊亭等形式，创造出开敞、灵活、富于变化的空间序列，提升居民的生活品质和舒适度。

此外，现代民居设计还应重视对传统生态理念的继承和弘扬。传统民居营造过程中所体现的天人合一、尊重自然的思想，对于当前建筑领域的可持续发展具有重要的启示意义。设计者应当树立全局意识和生态意识，在满足使用功能的同时，尽可能减少对自然环境的干扰和破坏，追求人与自然的和谐共生。要加强对建筑全寿命周期的管理，从规划、设计、施工到运营、维护、改造等各个阶段，都要贯彻可持续发展的理念，最大限度地节约资源、减少污染、保护环境。

二、人文生态的发扬

（一）民居环境的地域特色营造

传统民居是中华民族历史文化的重要组成部分，不仅仅是地区住宅建筑设计的代表，更是现代城市建设中不可或缺的文化遗产。其建筑风格和结构不仅反映了地域的自然生态智慧，也深刻承载着社会历史和文化气质。在区域规划和建筑创作中，传统民居的影响力依旧显著，它们不断与当代建筑进行新的联系，赋予现代人居住环境生机活力。

城市住宅建设不应仅仅满足居民的基本居住需求，更应成为人们进行社会交往、传承文化传统的重要场所。传统民居之所以能够在老百姓心中占据如此重要的位置，正是源于其与古村落、古建筑和古城镇的紧密联系，以及与相关的民间艺术、节庆活动等传统文化形式的深度融合。现代城市生活应当积极吸收和借鉴这些传统文化的精髓，创造出具有本民族特色、本土文化气息的居住环境和社区活动，满足居民的精神文化需求。作为遵循可持续发展战略的生态住宅，不仅要注重节能环保、降低资源消耗，更要以人为本，关注居民的身心健康和生活质量。传统民居在建筑构造方式和空间组织形式方面所体现出的因地制宜、通风采光、防湿防潮等特点，对于改善现代住宅的舒适性和健康性具有重要启示。同时，传统民居所承载的丰富多彩的地域特色文化活动，也是提升居民生活品质、促进社区和谐的重要资源。因此，在现代生态住宅设计中，既要继承和创新传统民居的优秀构造技术和空间理念，也要重视传统文化活动的组织和传承，构建起与当代生活相适应的居住模式和文化制度。

在区域规划和建筑设计中，要深入研究传统民居的选址布局、空间组合、材料工艺等方面的生态智慧，并与现代科技手段相结合，创造出适应当地自然环境、彰显地域特色的住宅形式。同时，要重视社区公共空间的营造，借鉴传统民居的庭院、广场、街巷等要素，塑造出开放、灵活、富于变化的公共活动场所，为居民提供交流互动、休闲娱乐的舒适环境。在建筑细部设计上，要继承和发扬传统民居的装饰艺术和美学追求，运用现代工艺和材料，创造出既有传统韵味又符合当代审美的建筑形象。

在社区文化建设方面，要立足于传统民居所依托的历史文化背景，深入发掘和保护与居民生活密切相关的民间艺术、节庆活动等非物质文化遗产，并将其与现代社区活动相结合，丰富居民的精神文化生活。要鼓励居民参与社区文化活动的组织和管理，发挥的主体作用，增强社区的凝聚力和认同感。同时，要加强对外来文化的吸收和借鉴，促进不同文化的交流和融合，形成多元包容、开放创新的社区文化氛围。

此外，在传统民居的保护和利用过程中，还要高度重视社区居民的主体地位和利益诉求。传统民居不仅是一种物质形态，更是承载着居民情感记忆和生活方式的精神家园。因此，在进行传统民居的保护性开发和利用时，要充分尊重居民的意愿和需求，建立健全社区参与机制，让居民成为传统民居保护和传承的主体力量。要通过多种方式，提高居民的文化自信和主人翁意识，引导自觉参与传统民居的日常维护和管理，共同营造良好的社区生活环境。

（二）民居人文环境随着时代而发展

在民居人文环境的创造过程中，必须高度重视时代变迁和文化发展的动态性，努力实现人文生态与时代发展的协调统一。这一目标的实现，有赖于对传统文化中恒久不变、对当代人有益的因素的深入挖掘和创新性转化。传统文化中蕴含着诸多宝贵的社会观念精华，例如耕读传家、邻里和睦、家庭和谐等，不仅仅是一种耕耘田地和读书学习的结合，更体现了邻里和睦、家庭和谐的重要价值。然而，传统文化并非一成不变、一直处于静态地存在，而是在时代发展的动态过程中不断进步和演变的。因此，当前强调的并非对传统的简单遵循和照搬，而是要从传统文化中提炼、吸收优秀的价值观念，以服务于现代居住文化的提升，进而创造出富有鲜明时代特色的人文生态环境和现代民居形式。

建筑与自然环境、建筑与人文环境之间存在着内在的辩证关系。一方面，民居的居住文化、生活习俗等，都深深植根于特定的自然环境之中，离不开大自然的滋养和馈赠；另一方面，这些人文因素又依托建筑这一物质载体而得以存在和传承。从这个角度来看，人类文明的创造和发展与民居建筑的演进密不可分。

在民居设计中，要高度重视传统文化中的优秀价值观念与现代生活方式的有机结合。要从传统的聚落形态、空间布局、建筑形制等方面，提炼和总结出有益于当代人居环境营造的经验和智慧，并与现代建筑技术和设计理念相融合，创造出适应现代生活需求、彰显地域特色的民居形式。同时，要重视挖掘和保护与民居相关的历史文化遗存，发掘其中蕴含的人文精神和价值内涵，并将其融入现代民居的设计之中，丰富人居空间的文化内涵，提升居民的文化认同感和归属感。在人居环境的营造过程中，还要高度重视居民的主体地位和参与意识。要充分尊重居民的生活方式、行为习惯和价值诉求，通过多种方式引导和鼓励居民参与到人居环境的规划、设计和建设之中，增强对人居环境的认同感和责任感。要创造良好的社区氛围和公共空间，促进邻里交往和社会互动，培育和谐友善、互助互爱的社区文化，提升居民的幸福感和获得感。

第三节　传统民居环境的更新与再生应用

传统民居作为一种特殊的建筑类型，其更新改造涉及物质空间、文化空间和社会空间的综合重构，旨在实现三生空间（生产、生活、生态）的有机结合。传统村落风貌和宅院民居作为历史记忆的载体，通过保护街巷肌理和建筑格局，重建社区结构和景观利用，促进生态再生和现代化改造。事实上，民居在历史演进中不断更新，对传统民居进行更新和再利用，既是对其优点的传承和发扬，也是为了解决其不再适合现代居住的问题，更好地服务于当代居民的生活。有学者提出的“有机更新”理论指出，改造应保留完好部分，剔除破烂部分，循序渐进地进行。这既是保护传统民居的措施，也是在尊重传统的同时实现文化传承和创新的实践，为传统民居的可持续发展提供了新思路。北京菊儿胡同的新式四合院改造，就是传统民居更新的成功案例，改善居住条件的同时保留四合院格局和生活氛围，居民在院中的日常活动既延续传统又珍视时代记忆。这种设计手法有效地缓解了现代高楼大厦带来的孤立和冷漠感，增强了居民的归属感和认同感。同时，新式四合院在尊重传统的基础上，吸收了现代住宅的私密性优点，并通过连接体和小跨院的设计，营造出兼顾邻里交往和私密性的人文生态环境。与此同时，该项目还吸收了南北胡同体系的精髓以及传统庭院“进”的理念，打造出一种融合南北特色的民族风格。科学合理的空间布局和道路交通设计，以及围绕原有树木营造的集绿化、小品于一体的庭院公共空间，无不彰显了传统民居更新中对自然生态环境的重视和优化。

在对传统民居进行继承和发展的探索中，人们常常面临“形似”还是“神似”的抉择，即要追求建筑形象的再现，还是更看重意境和精神的再创造。这种选择不仅涉及对传统建筑外观的保留，还关系到对其内在文化意义和价值的理解和传承。“形似”强调对传统建筑细节、结构和材料的忠实再现，力图通过精准的复原让人们在视觉上感受到历史的厚重和传统的美学韵味。然而，仅仅追求形似，往往可能导致建筑失去应有的生气，变得僵化和死板。而“神似”则更加注重建筑所承载的文化内涵和精神象征，重视通过创新设计和现代技术的应用，使传统民居在新的时代背景下焕发出新的生命力。这种方法不仅保留了传统民居的文化精髓，还能更好地满足现代人对居住环境的实际需求，从而在延续历史文脉的同时，推动传统民居的可持续发展。因此，在对传统民居进行更新和再生时，如何在形似和神似之间找到平衡，既是对设计者艺术创造力的考验，也是对其文化理解力和社会责任感的全面挑战。

传统民居在设计与建造中注重环境和谐，因地制宜地利用自然条件，使建筑与环境融为一体。这种方式不仅抽象地继承了传统建筑形式和文化传承，还在环境再生方面发挥了重要作用。通过营造生态环境，体现生态理念，传统民居不断创新发展，融入当代建筑设计中。新能源开发和水资源利用在建筑材料和建筑构造创新中扮演着关键角色，使传统民居焕发出新的生命力。在追求时代发展需求的同时，传统民居在建筑中融入人文精神和传统审美，通过再创造实现环境特色和创新发展的价值再现。

在当今时代，当代居住理念追求在现代建筑中注入传统人文和生态元素，以创新方式实现古今交融。在对传统民居进行更新和再生设计的过程中，在继承传统空间形式和建筑形象的基础上，可以进一步强化生态型住宅小区的建设，将传统民居的生态智慧与现代绿色建筑技术相结合，提升住区的生态品质和可持续性。比如在建筑材料方面，可以开发应用新型环保材料；在能源利用方面，可以引入太阳能、风能、水能等可再生能源系统；在水资源管理方面，可以建设雨水收集储存系统和海绵城市设施，提高水资源利用效率；在垃圾处理方面，可以发展垃圾分类回收和再利用体系；在建筑性能方面，可以通过优化自然通风、采光等设计措施，减少对人工环境调节的依赖；在交通组织方面，可以合理布局人行道、自行车道和机动车道，鼓励绿色出行方式。与此同时，在住区文化营造方面，可以发展具有文化主题特色的社区活动，倡导居民参与社区建设；可以结合传统生活方式，开发具有民族或地域特色的旅游项目，让居民和游客共同感受传统文化的魅力。总之，无论是在人居环境的物质层面，还是在精神文化层面，传统民居环境营造的诸多思路和做法，都值得在现代住宅设计中进一步探索和实践。

纵观国内外传统民居保护和再生的理论与实践，可以看出，在全球化和现代化的大背景下，传统民居所承载的历史文化价值和生态智慧，正在受到越来越多的重视和认同。通过“抽象继承”等方式，传统民居的精华得以在当代语境中焕发新的生机，为现代人居环境设计提供了丰富的灵感和启示。这既是对优秀传统文化的传承和弘扬，也是推动城乡建设可持续发展的必由之路。在这个过程中，建筑师、规划师等专业人士应当树立文化自觉和历史使命感，在尊重传统、立足现实的基础上，不断进行创新探索和实践，努力实现传统民居环境特色与现代生活方式的有机融合，为构建“诗意栖居”的人居环境和建设文化强国贡献智慧和力量。

第八章

传统民居继承性设计研究

传统民居继承性设计研究是一项以方案设计为主的学生科研实践活动，通过四个设计方案的深入探索，研究传统民居的保护、更新与发展问题。本研究包含的设计方案分别为：元恺堂建筑与景观空间更新改造方案设计、存厚堂院落景观新生与建筑微改造设计方案、云桂堂建筑修复与院落景观更新设计方案，以及新化县土坪村民居建筑方案设计。每个方案都有其独特的设计重点：元恺堂方案着重于空间更新与景观整合的可能性探索，存厚堂方案侧重院落的景观改造及建筑的微调设想，云桂堂方案主要提出建筑修复与院落更新的设计构想，而土坪村方案则探索了传统民居在当代语境下的新建设计理念。通过这些多样化的方案设计实践，加深对传统建筑文化的思考与认知。

案例一　传统民居之元恺堂建筑与景观空间更新改造设计（李卫婷、黄金城）

1.1　区位分析

元恺堂是位于湖南省娄底市涟源茅塘镇的一个区域建筑，该镇东边与杨市镇接壤，东连龙山林场，西抵白马镇，东接风平镇，全镇行政区域面

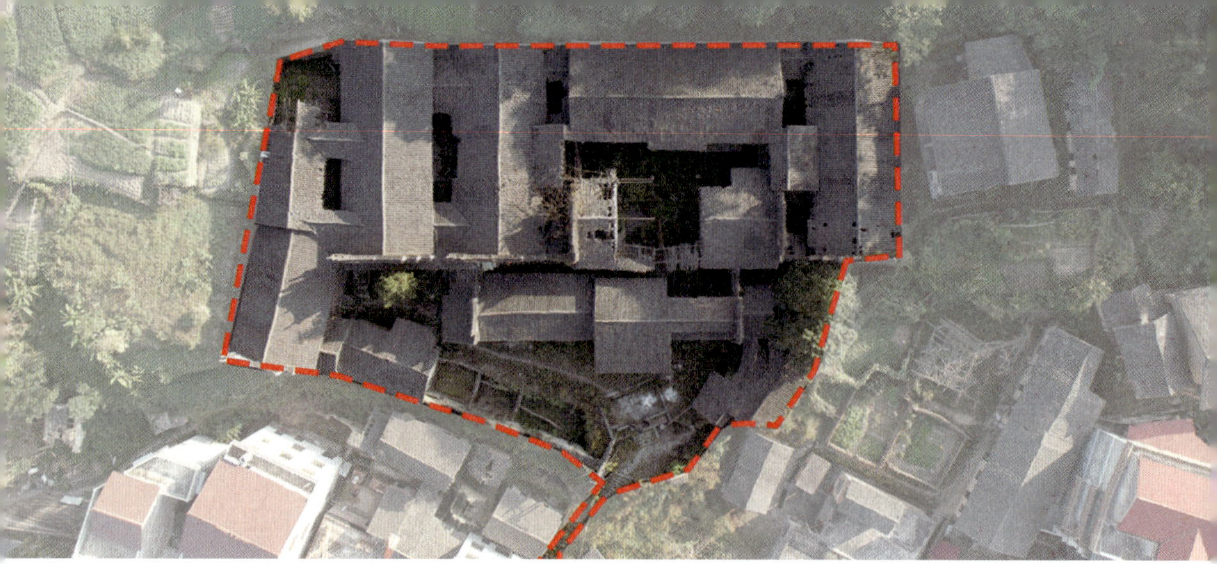

图 8-1-1　地形区域范围

积 82.97 平方千米。地势西高东低、南高北低，境内最高点位于龙山岳平顶峰，海拔为 1513.6 米，境内有毛峰公路、洋白公路，南部有省级龙山森林公园，周边森林资源丰富，空气环境质量良好，整体建筑依山而建，高低错落有致，能够很好地俯视到山下的全景样貌。

1.2　设计范围

本次项目设计范围为以元恺堂区域为详细规划范围（见图 8-1-1），项目包括了被严重损坏的部分古建筑和道路修复。

1.3　设计说明

本设计项目对古建筑修复与规划进行修旧如旧、最小干预、整体保护三个侧重点方面的规划原则着重分析与构思，通过该区域的古建筑面貌修复，文化传承的弘扬与展示等实际意义，展开后期对各大区域的规划与空间设计策略。

项目以古建筑为核心，营造一个具有历史氛围和具有丰富文化底蕴的村民休闲活动中心，通过对元恺堂的破损建筑区域进行原貌修复和旧建筑的新面貌展现，合理规划绿地、道路、休闲区域的空间布局，提升整个古建筑区域的功能合理划分，并对其严重破损的道路墙壁，进行重新的修缮与美化设计，对古建筑的历史文化进行深入研究传承其精髓，并在保护的基础上，在合理的景观规划中融入现代元素与创新理念，通过节点展示整体面貌风格等形式，弘扬该古建筑区域的特色文化理念与精神。

1.4　现状分析

1.4.1　建筑现状分析

项目规划区内建筑整体保存状况欠佳，其中马厩、厅屋区域破损尤为严重，呈现局部坍塌现象，存在显著安全隐患。其余建筑单体因长期缺乏维护，普遍出现表面涂层剥落、材质风化等劣化现象。建筑间的连接构件，如厅屋之间的墙体，已严重损毁，难以辨识原貌，仅存大致轮廓。这些建筑构件的衰败状态，严重影响了传统建筑群落的整体空间品质和历史风貌的展现（见图 8–1–2）。

图 8–1–2　建筑分析图

1.4.2 道路现状分析

规划区域的交通系统主要由青石材质铺设，其中对外连接道路采用登山式布局，内部路网同样以青石铺砌。然而，由于长期失修，路网系统整体呈现明显退化，路缘植被过度蔓生，路面材质出现碎裂、磨损等损坏现象。尤其在堂屋主入口处，建筑构件的剥落碎片堆积于阶梯道路，严重影响通行功能。此外，整个区域内通道普遍存在维护不足、植被干扰等问题，不仅影响通行，也阻碍了传统空间序列的视觉体验（见图 8–1–3）。

图 8-1-3　道路分析图

1.4.3　基础设施现状分析

长期无人居住导致该区域基础设施严重老化，包括门窗及生活设施等因缺乏维护而失效。同时，管理缺位致使杂草丛生，影响道路环境。这些问题不仅会降低居民生活质量，还构成潜在安全隐患。因此，亟需采取整治修缮措施，以保障居民生活品质及安全（见图 8-1-4）。

图 8-1-4　基础设施分析图

2 总体规划设计

2.1 总平面图设计

本设计以元恺堂建筑群为核心，着重于建筑修复及文化彰显。通过合理规划闲置空间，构建符合现代需求的空间节点及休闲区域，完善基础设施和服务配套。旨在打造兼具地域文化特色的古建筑休闲活动中心（见图8-1-5）。

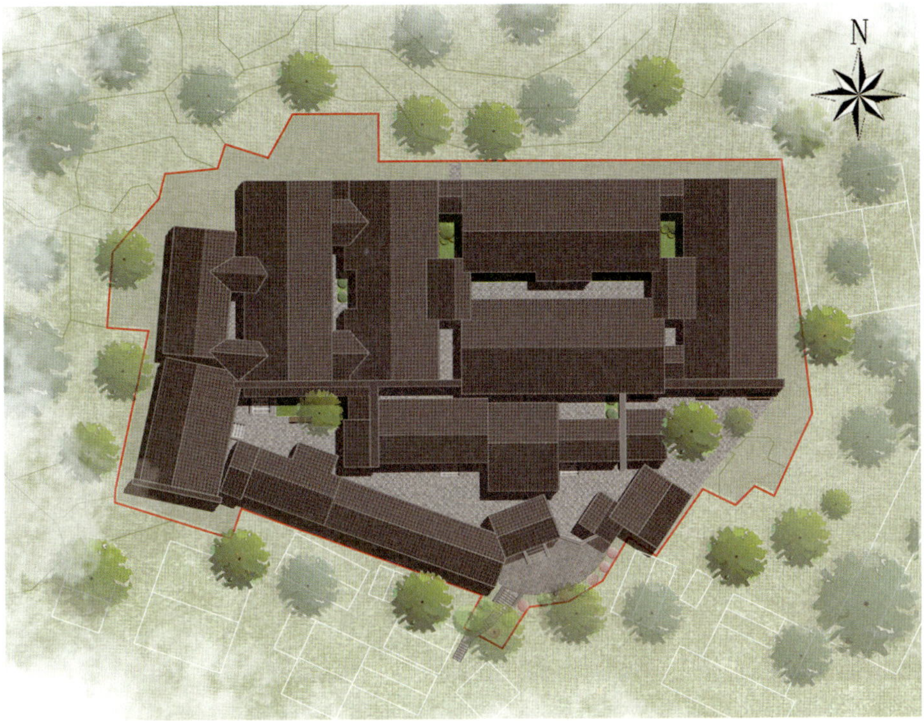

图 8-1-5 平面图

2.2 功能分区

基于平面图对建筑区域进行功能分区（见图 8-1-6），保留原有功能布局，同时识别并划分出严重损毁区域。根据实际状况，采取原貌修复或实地改造策略，以实现空间的合理利用与修缮。

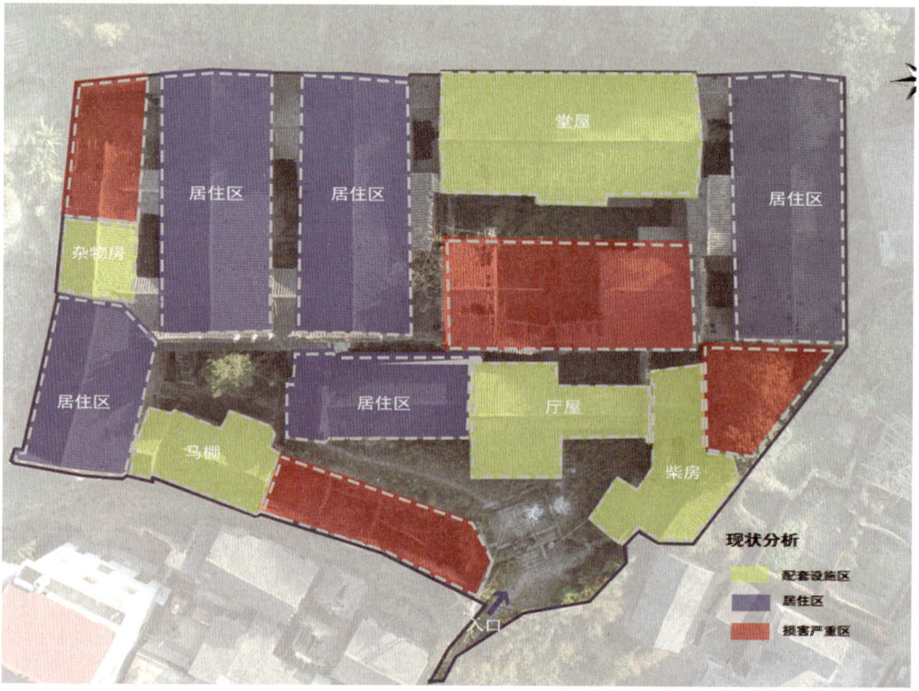

图 8-1-6 功能分析图

2.3　建筑平面图设计

依据平面图细化内部空间节点，并将其具体化至各个项目单元内部，实现空间规划的精细化与个体化（见图 8-1-7）。

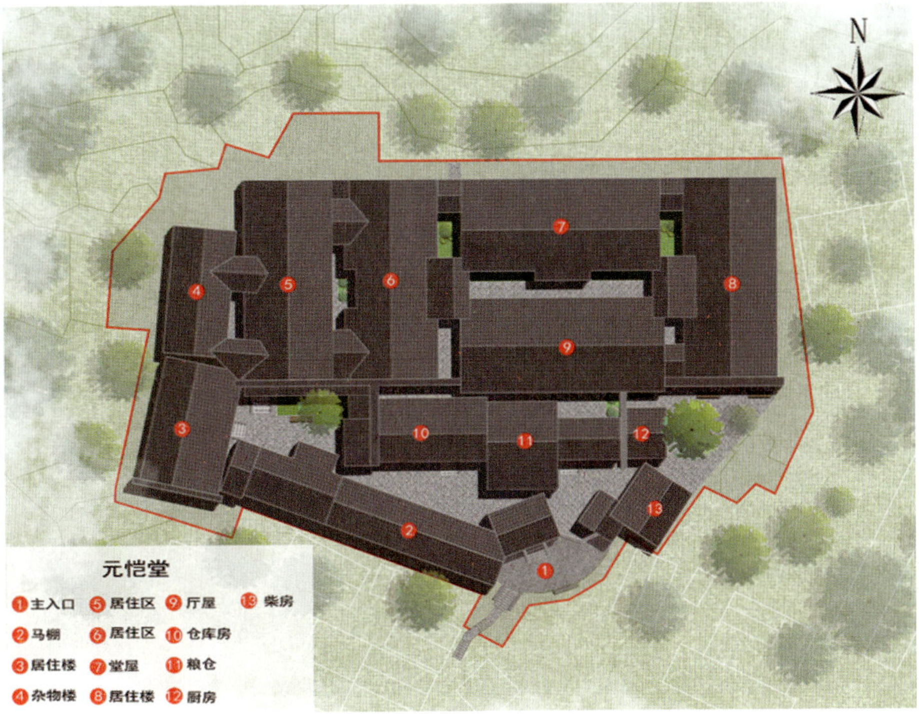

图 8-1-7　元恺堂建筑平面图设计

2.3.1 鸟瞰图（见图 8-1-8）

图 8-1-8 元恺堂鸟瞰图

2.3.2 节点设计

图 8-1-9 元恺堂建筑外立面效果图

图 8-1-10 元恺堂清水小巷效果图（一）

图 8-1-11　元恺堂清水小巷效果图（二）

图 8-1-12　元恺堂临恬休憩效果图

入口处节点效果——元台口

图 8-1-13　入口处休憩效果图

左侧马厩前节点效果——荣马道

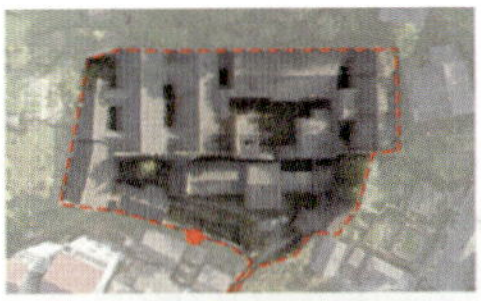

图 8-1-14　元恺堂荣马道效果图

案例二　传统民居之存厚堂院落景观新生与建筑微改造设计（李卫婷、夏安阳）

1.1　区位分析

存厚堂位于湖南省涟源市东南部杨市镇，交通网络包括娄涟高等级公路、二广高速及潭邵高速，连通全国。作为湘军发源地，存厚堂具有丰富历史文化底蕴。其交通相对便利但路网单一，周边自然资源丰富，盛产稻米、柑橘、茶叶及多种野生药材。

1.2　设计范围

设计的范围以存厚堂为中心，其次对堂前空地进行合理规划（见图 8-2-1）。

1.3　设计说明

本项目的研究对象是传统民居室内外环境改造，主要是围绕“景观微更新，建筑微改造”出发，设计中重点考虑：景观如何新生，建筑如何改造。其次就是当地建筑元素符号的研究。更新改造围绕以下几个方面进行设计：

交通设计——①交通流线规划：通过对周边以及堂内的道路分析，确定主要的交通流线，保留原有的交通格局，确保人流通畅，提高交通效率。②停车设计：对空地进行翻新，合理规划停车位布局以提供足够的车位，包含汽车和客车的停车位，确保停车的便利性。③交通标识和引导：设置清晰明显的交通指示牌，引导车辆和人群。

建筑设计——①外立面更新：利用当地的建筑材料，保护和修复传统建筑外观，提升其外观，破损进行翻新，损坏进行重建。②室内外空间规划：对室内空间进行重新规划，保留原有的传统建筑和元素，提高空间利用率，优化室内环境。对室外环境进行优化升级，使景观得到新生，建筑得到美化。

图 8-2-1　设计范围

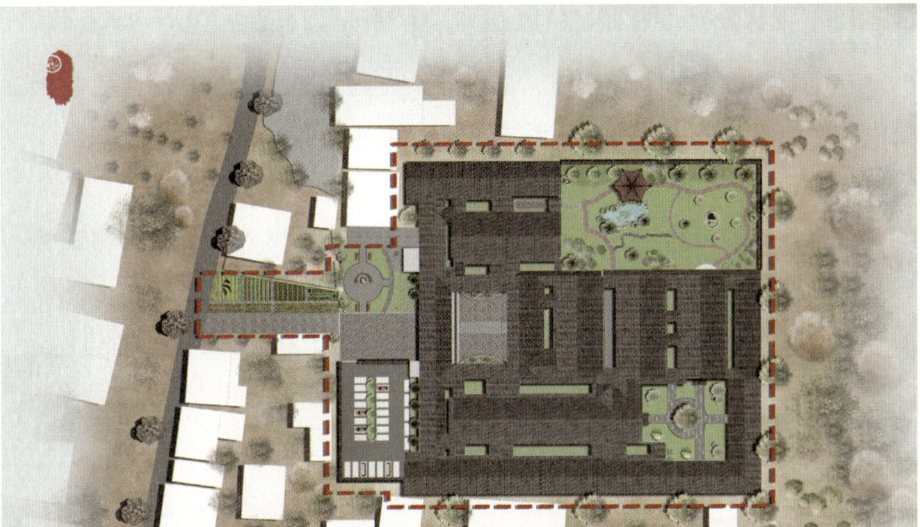

绿化设计——①存厚堂周边绿化：选择符合湘军文化和涟源当地气候的植物进行种植，提高周边景观质量，改善周边环境。②庭院绿化：对破损严重的地块进行重建，保留存厚堂原有的建筑格局，打造一个新生庭院，好的绿化进行保留，杂乱的绿化重新规划。增加绿植种植，打造宜人的绿色环境，增加庭院中空气湿度和负氧离子含量。

小品设计——①座椅和遮阳设施：在存厚堂周边设置合适的座椅和遮阳设施，融入湘军文化元素，提供休憩和遮阳场所，增加人们的活动空间。②存厚堂装饰：设置湘军文化风格的雕塑和装饰物，丰富建筑环境，增加传统建筑的艺术氛围，提升景观品质。

公共设施设计——①存厚堂内部设施：在堂内部设置合理的公共设施，包括卫生间、休息区等，保证传统建筑内部环境的整洁和便利。②存厚堂周边设施：规划存厚堂周边的公共设施，包括座椅、垃圾箱、休息区等，提高周边环境的整洁度和舒适性。

1.4 现状分析

存厚堂基础设施老化明显，部分建筑失修，影响了整体环境质量。绿化覆盖率偏低，公共空间缺乏系统规划（见图 8–2–2）。

1.4.1 道路分析

存厚堂外的道路均为土路，下雨天气影响居民出入且道路两侧缺乏一些基础设施，例如：路灯、指示牌、垃圾桶等；胡同的道路狭小，不利于通行；堂内的道路大多已经破损，亟需得到一个更新（见图 8–2–3）。

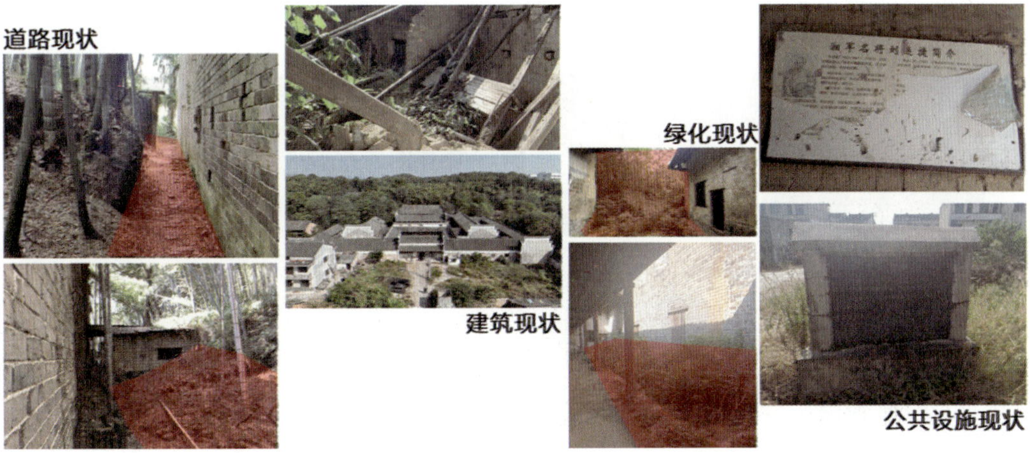

图 8-2-2　现状分析

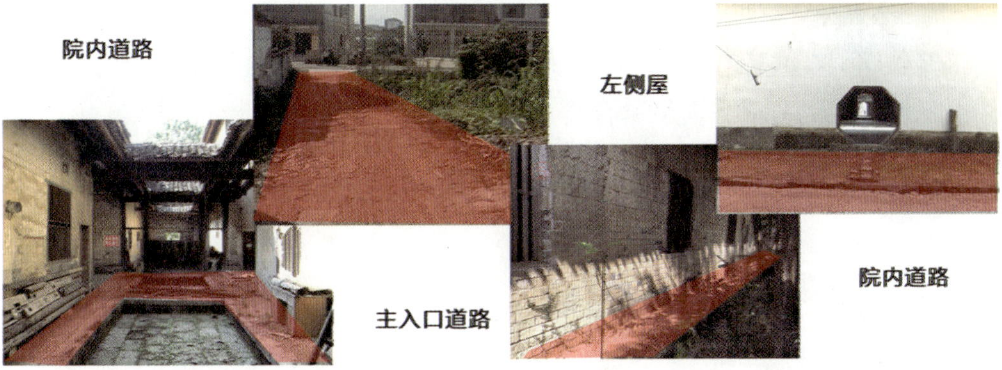

图 8-2-3　道路现状

1.4.2 建筑墙面分析

存厚堂建筑群呈现显著的结构退化现象。墙体普遍出现腐蚀，外观劣化严重。多处建筑已发生局部坍塌，不仅影响整体美观，更构成重大安全隐患（见图 8–2–4）。

图 8–2–4　建筑现状

1.4.3 绿化分析

存厚堂周边空间呈现显著的植被失管状态。堂外空地已被自然植被大面积覆盖，呈现无序生长态势。堂内绿化同样缺乏有效管理，天井院落的植被已演变为自然生态系统，缺乏美学考量。整体植被构成复杂，缺乏层次感和主次分明的景观规划（见图 8–2–5）。

项目现状分析——绿化

图 8–2–5　绿化现状

1.4.4　公共设施分析

堂内现状公共服务设施匮乏，并且多处设施损坏，不能有效地为村民提供服务，其次堂内缺乏休闲娱乐的场地以供游客休憩（见图 8-2-6）。

图 8-2-6　公共设施现状

2　总体规划方案设计

2.1　总平面图设计

本项目旨在融合传统院落特色与现代设计理念，创造兼具功能性和旅游经济效益的环境。通过系统性规划，提升存厚堂的文化价值和空间利用效率（见图 8-2-7）。

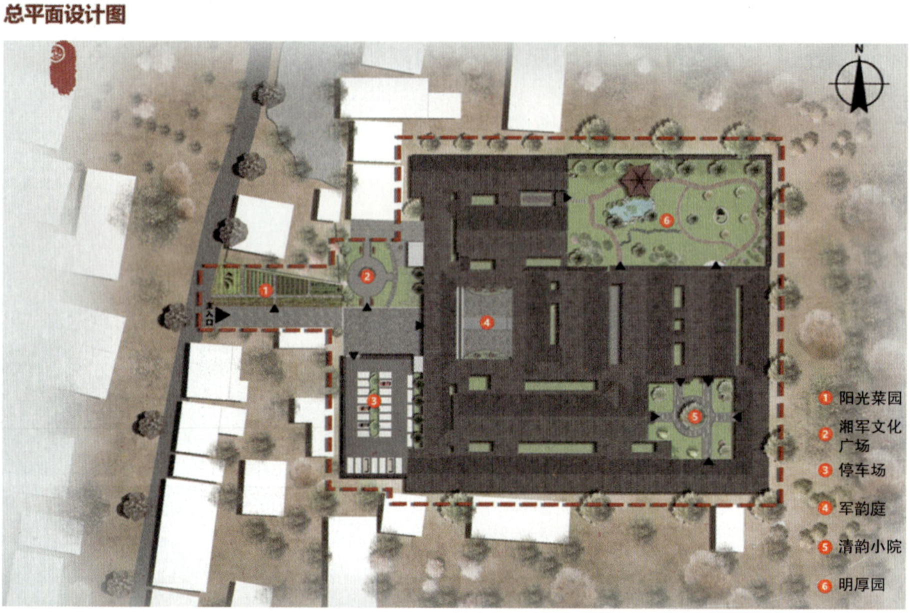

图 8–2–7　平面图

2.2　建筑分区

由于存厚堂各个区域建筑的损坏程度不同，所以将该地块分为翻新区、重建区、规划区、改造区四个区域（见图 8–2–8），在此基础上对存厚堂进行分点规划设计，每个区域都提供有不同的策略。

改造区，此区域的建筑部分倒塌，存在严重的安全隐患，对此区域的建筑进行一个改造，能够保留的建筑尽可能地保留，损坏严重的地方推倒重建，力求打造一个新生景观院落；翻新区，其区域的建筑保存相对完整，对此区域的建筑只需要进行一个简单的更新，对破损的墙面、柱础、纹饰、屋脊饰等建筑要素进行翻新；规划区，则是对堂前的三块空地进行规划设计，对这三块空地分别规划为阳光菜园、停车场、湘军文化广场：阳光菜园作为一个景观打卡点，停车场供外来车辆停车，湘军文化

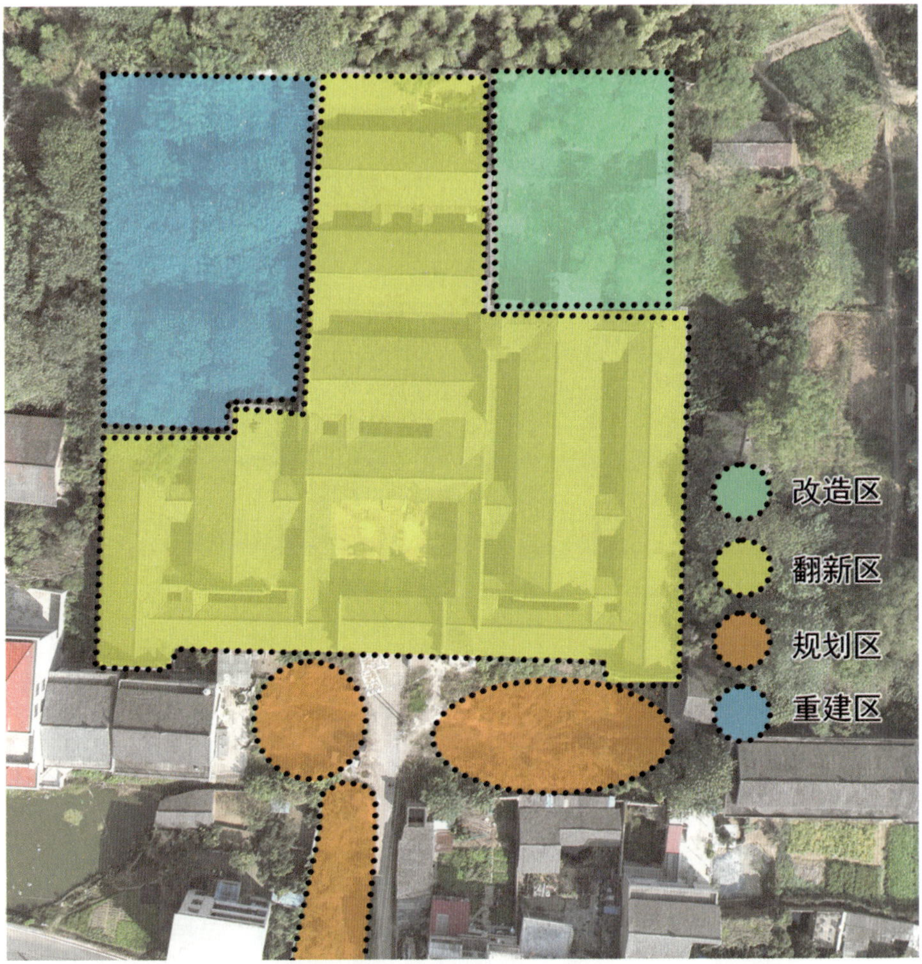

图 8-2-8　建筑分析图

广场为外来的游客普及湘军文化，同时也兼具着湘军文化宣传的功能；重建区，就是对存厚堂的建筑格局进行一个补全，使之恢复成原来的建筑模样，同时，此处重建为游园，可供人们休憩，放松。

2.3 总体鸟瞰图

鸟瞰图

图 8-2-9 鸟瞰图

2.4 分析图

总平面设计图——功能分区图

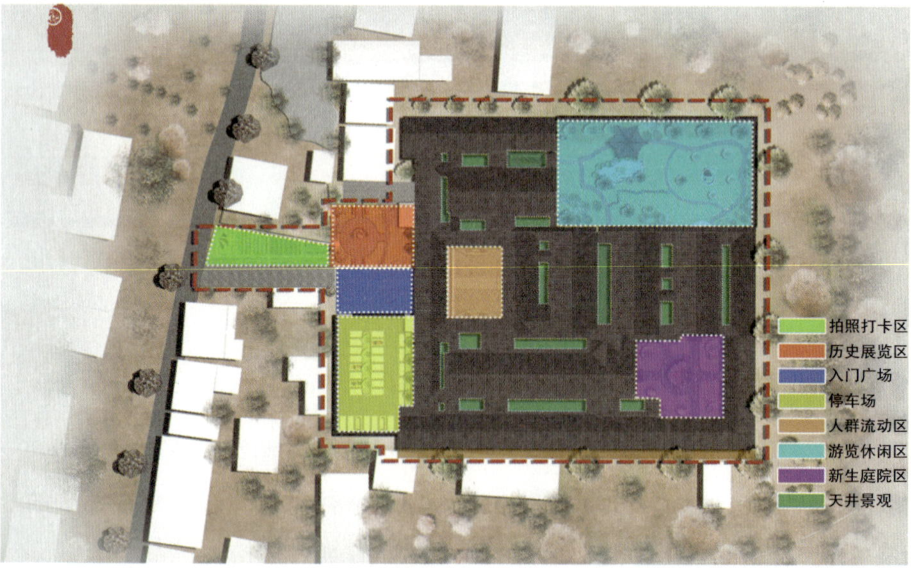

图 8-2-10 总平面设计图——功能分区图

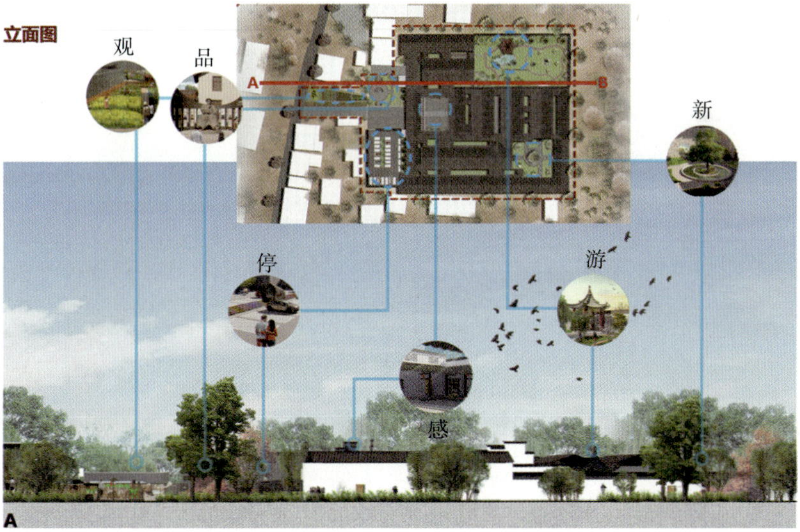

图 8-2-11　景观节点立面分析图

总平面设计图——轴线分析

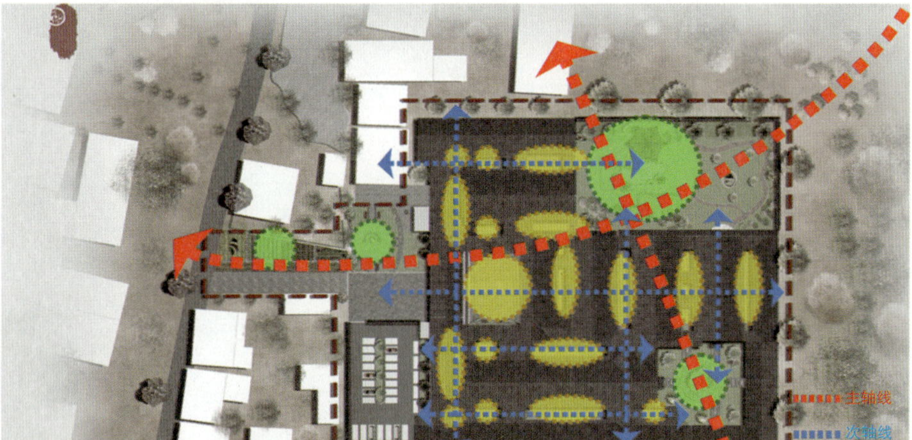

图 8-2-12　总平面设计图——轴线分析图

总平面设计图——建筑分析

图 8-2-13　总平面设计图——建筑分析图

总平面设计图——灯光分析

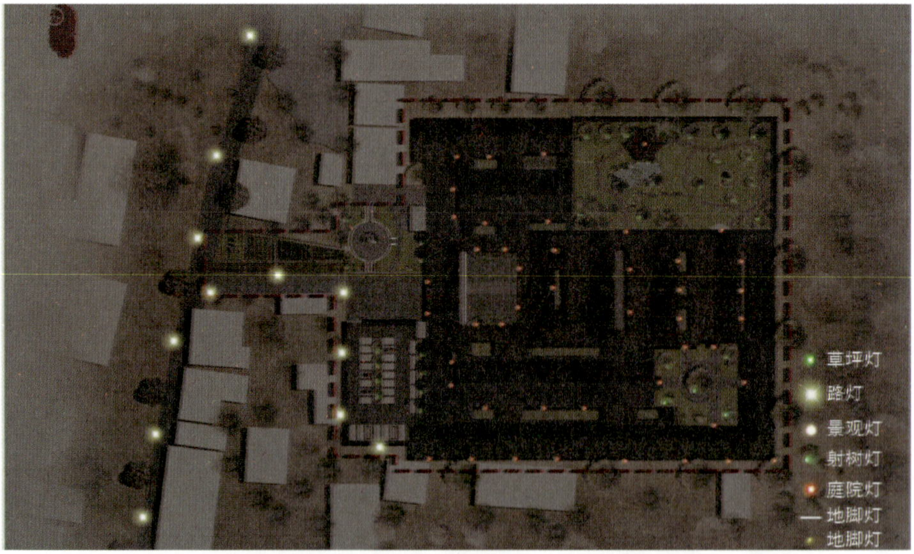

图 8-2-14　总平面设计图——灯光分析图

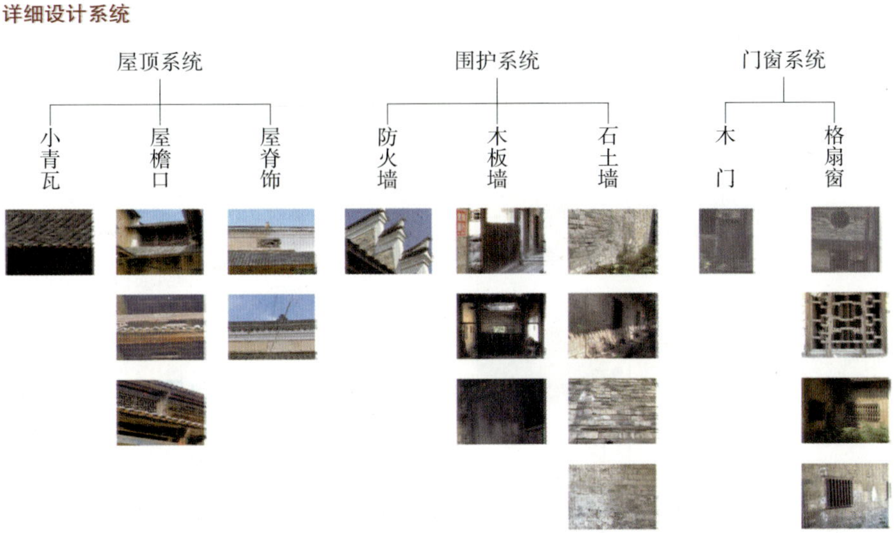

图 8-2-15　屋顶系统、围护系统、门窗系统

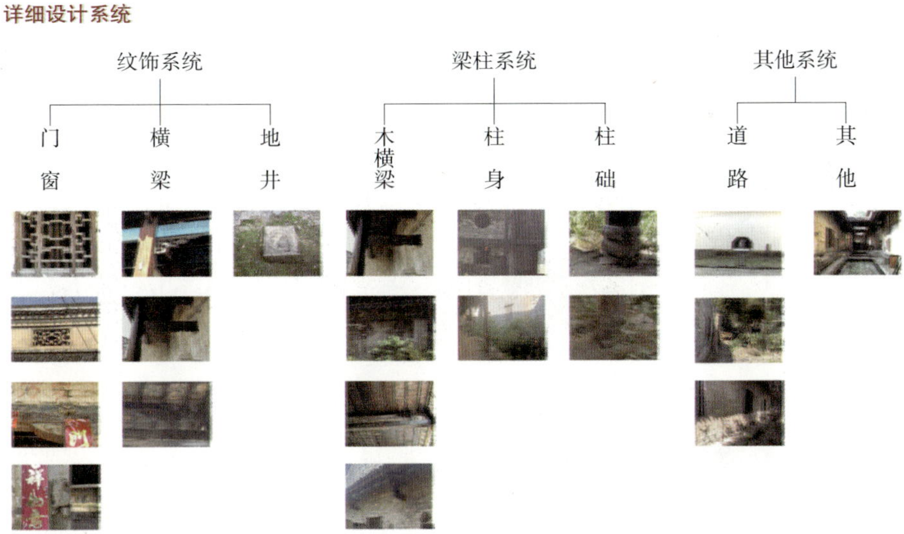

图 8-2-16　纹样系统、梁柱系统、其他系统

详细设计系统

屋顶系统

内容目录/编号	实景拍摄	模型展示	尺寸标注	更新策略	备注
屋脊饰 -1			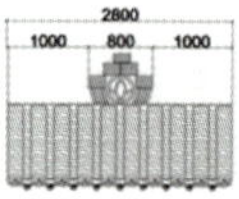	采用小青瓦堆砌成各种图案，采用轴对称的方式，中心为三叶花造型，四周则用青瓦围绕	使用小青瓦堆砌成各种图案，如塔型、花型、星型等，简洁灵活，通透轻巧，不使用彩漆，呈现出一种质朴原始的感觉
屋脊饰 -2			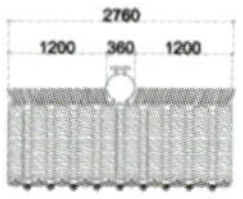	将小青瓦堆砌成各种图案，将花瓶夹在中间，以此保护花瓶雕塑	
屋脊饰 -3			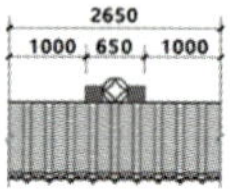	用小青瓦堆砌成各种图案，采用轴对称的方式，中心为圆形花纹，四周则用青瓦叠成方形	

图 8-2-17　屋顶系统详图

详细设计系统

维护系统

内容目录/编号	实景拍摄	模型展示	尺寸标注	更新策略	备注
马头墙 -1			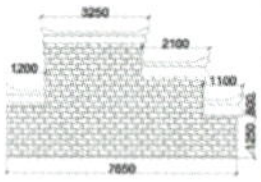	对现有的马头墙进行维护和修复，采用当地传统工艺和材料，对裸露在外、腐蚀严重的砖块进行翻新	马头墙是一种屋顶与墙山的组合方式，多见于南方。其墙山高出屋顶，呈阶梯状，这样可以有效防止火灾蔓延，故又称“封火墙”
马头墙 -2			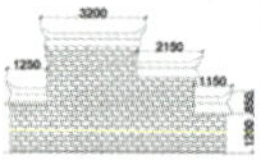	对现有的马头墙进行维护和修复，采用当地传统工艺和材料，对起翘破损处进行补全更新	
木板墙			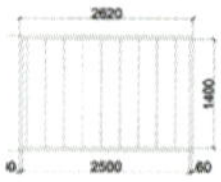	取当地木材，处理成板材，局部保留线脚。颜色保留原木色，以旧改旧	木板墙是传统建筑中常用到的形式，多见于西南巴渝地区
砖墙			——	对部分显得突兀的墙面，进行统一更新	经过历代的修筑，部分砖墙已经与周围风格严重不协调

图 8-2-18　维护系统详图

详细设计系统

梁柱系统

编号 \ 内容目录	实景拍摄	模型展示	尺寸标注	更新策略	备注
柱身				对原有木材进行加工，保留原木色和纹理，可在木材上刷上一层保护漆，提升其纹理质感	梁柱是建筑物中垂直的主结构件，承托上方物件重量
横梁	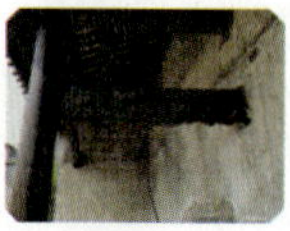			对原有木材进行加工，保留原木色和纹理，对破损处进行加固	梁是木构架建筑中承受屋顶重量的主要水平构件，一般沿进深方向叠搭于柱上
柱础			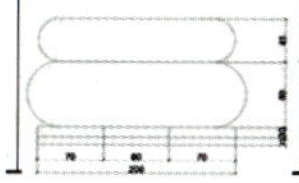	保留相对完整，对表面稍作清理即可	柱础是中国传统建筑中柱子底部的石质（或木质）承托构件

图 8-2-19　梁柱系统详图

2.5　节点效果图

在建筑分区的内部再进行细化，把设计规划落实到具体。分为以下几个景观节点：入口（见图 8-2-20）、阳光菜园（见图 8-2-21）、湘军文化广场（见图 8-2-22）、停车场（见图 8-2-23）、胡同（见图 8-2-24）、军韵庭（见图 8-2-25、图 8-2-26）、清韵小院（见图 8-2-27）、明厚园（见图 8-2-28）。

图 8-2-20　入口效果图

图 8-2-21　阳光菜园效果图

图 8-2-22 湘军文化广场效果图

图 8-2-23 停车场

图 8-2-24　胡同

图 8-2-25　军韵庭效果图（一）

详细设计系统

景观设计（节点—军韵庭【角度二】）

效果图

图 8-2-26　军韵庭效果图（二）

详细设计系统

景观设计（节点—清韵小院）

效果图

图 8-2-27　清韵小院效果图

图 8-2-28　明厚园效果图

案例三　传统民居之云桂堂建筑修复与院落景观更新设计（李卫婷、施辉玲、王婷）

1.1　区位分析

场地位于湖南省娄底市涟源市杨市镇洄水村，杨市镇东接水洞底镇、荷塘镇，南临邵阳市新邵县太芝庙乡，西抵茅塘镇龙山森林公园，北靠斗笠山镇、枫坪镇；交通便利，有娄新高速、省道 S210 线、S314 线和沪昆高铁、湘黔铁路穿境而过。

1.2 设计范围

云桂堂位于杨市镇的孙水河北岸，坐北向南，整体建筑格局为四进五横的重院式天井院落建筑群，外观为五山屏风式、风火山墙的砖木结构，横卧在田野中，四面高大的封火墙和外面围墙上高大的朝门是它最显著的特征。重院式建筑群为长方形横列式平面布局：通面阔 118.77 米，通进深 60.85 米，占地面积 12383 平方米，建筑面积 7554 平方米（说明：该面积为人工测量的规划设计尺寸，存在误差）；其厅屋堂屋及厢房共 167 间，规模巨大（图 8-3-1）。

图 8-3-1 云桂堂现状区位图

1.3 设计说明

本项目致力于云桂堂古建筑群的保护性修复与功能重塑。通过系统性调研，深入解析建筑群的历史文化脉络及现状问题。在此基础上，制定全面的修复策略，包括结构加固、外观修缮及空间整合。设计理念强调历史价值与现代功能的平衡，将建筑群打造为融合参观、居住及文化展示等多元功能的综合体（见图 8-3-2）。

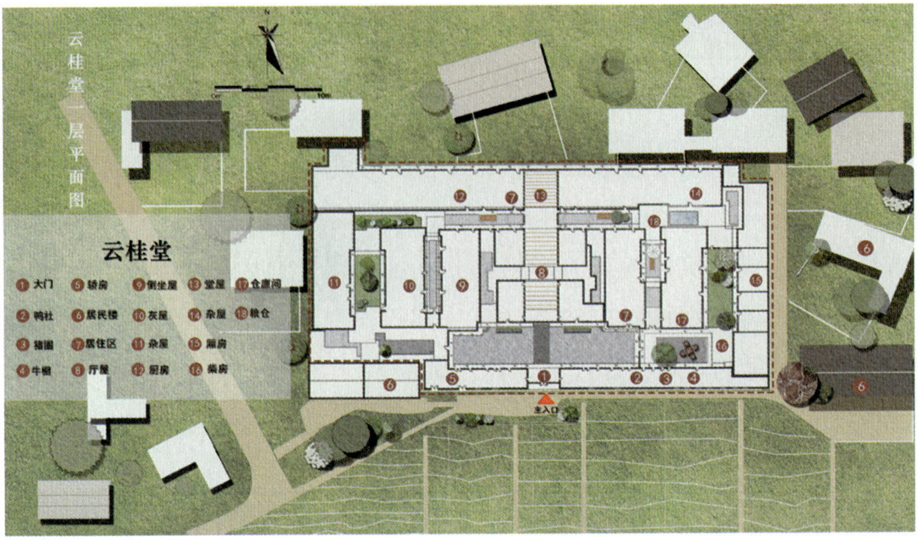

图 8-3-2 建筑总平面设计

1.4 方案设计

图 8-3-3 鸟瞰图

图 8-3-4　入口处设计效果图

图 8-3-5　院落空间效果图

图 8-3-6　天井设计效果图

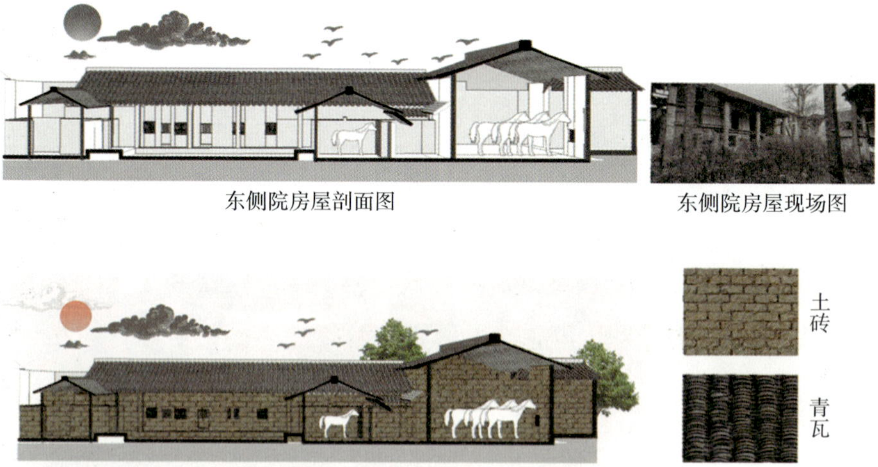

图 8-3-7　东侧院房屋立面图

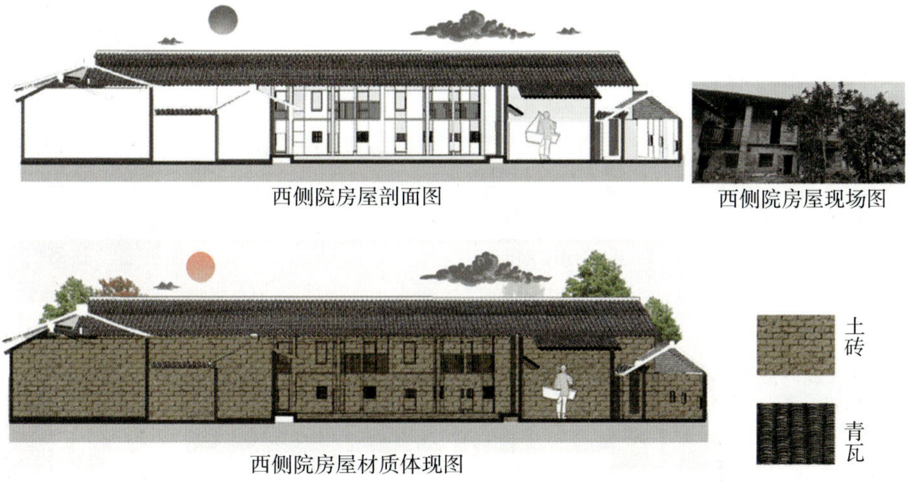

图 8-3-8　西侧院房屋立面图

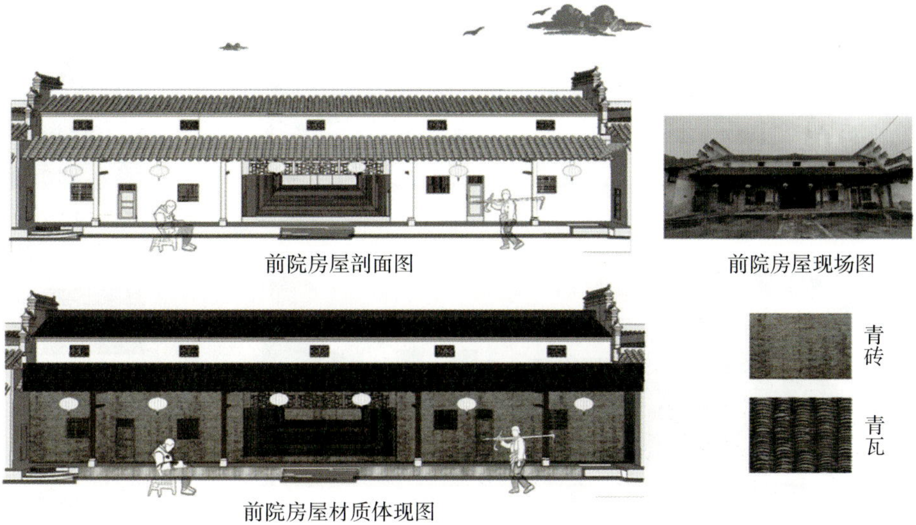

图 8-3-9　前院房屋立面图（一）

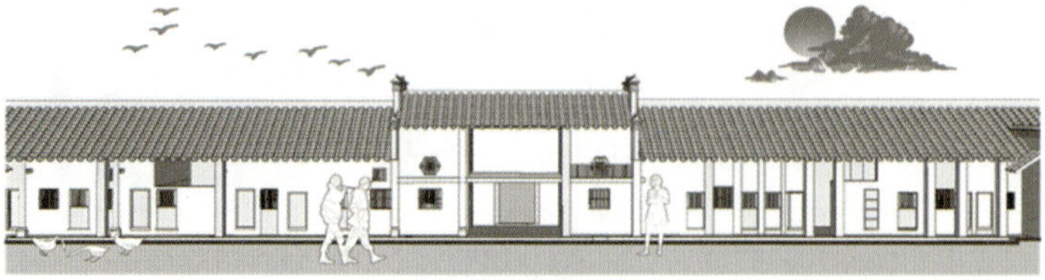

前院房屋剖面图

前院房屋现场图

前院房屋材质体现图

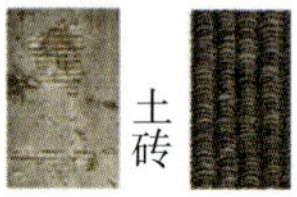

图 8-3-10　前院房屋立面图（二）

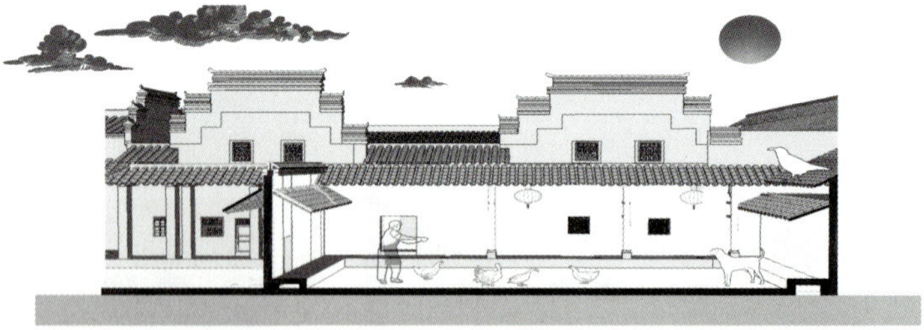

西侧院房屋剖面图

西侧院房屋现场图

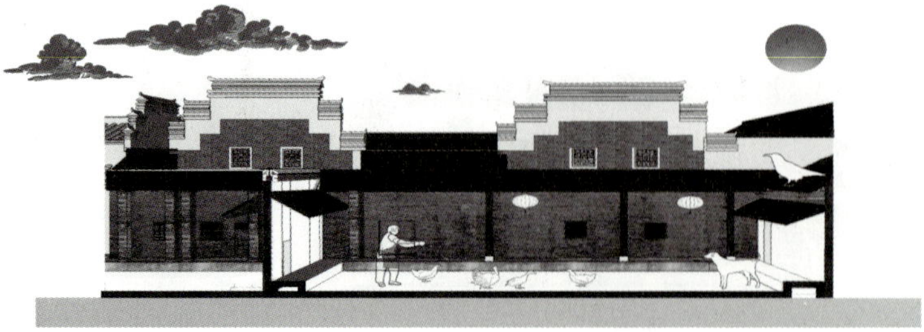

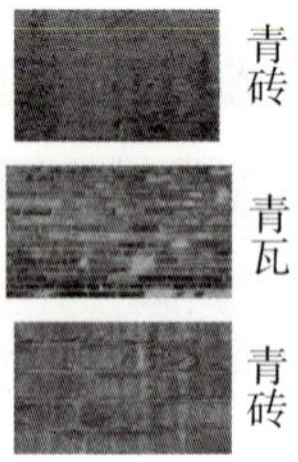

图 8-3-11　西侧院房屋材质体现立面图

案例四　新化县土坪村民居建筑方案设计（李卫婷、龙选君）

1.1　土坪村吊脚楼方案设计

图 8-4-1　土坪村吊脚楼平面图

图 8-4-2　土坪村吊脚楼效果图

图 8-4-3　土坪村吊脚楼正立面图

图 8-4-4　土坪村吊脚楼节点效果图

1.2　新化县土坪村民居单体建筑风貌改造

图 8-4-5　土坪村民居现状图

土坪村房屋风貌改造围绕瑶族文化做文章，整体风貌为南方传统干栏式建筑。

1. 屋顶为斜坡翘角，牛头造型，彰显梅山文化风格，使第五立面丰富而统一。

2. 檐口取瑶族彩带花边造型，体现瑶族热爱色彩的奔放性格，形成建筑的土坪特色。

3. 栏杆采用瑶鼓元素，形成向外的张力，体现热情好客与喜庆祥和的瑶峒风貌。窗户用瑶族纹样中的八角花或太阳花，结合建筑造型，如一幅瑶家刺绣的壁挂。

图 8-4-6　元素提取及应用（一）

图 8-4-7　元素提取及应用（二）

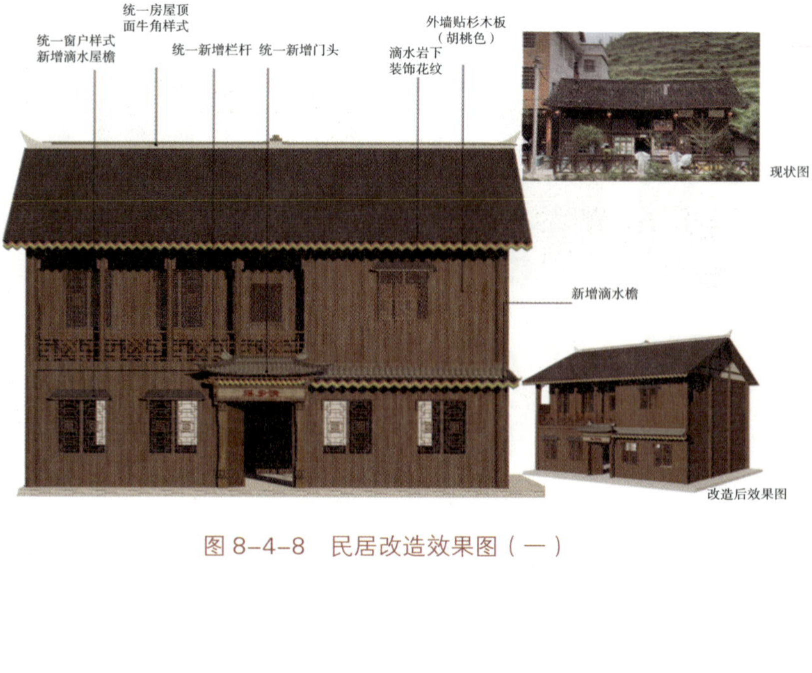

图 8-4-8　民居改造效果图（一）

图 8-4-9　民居改造效果图（二）

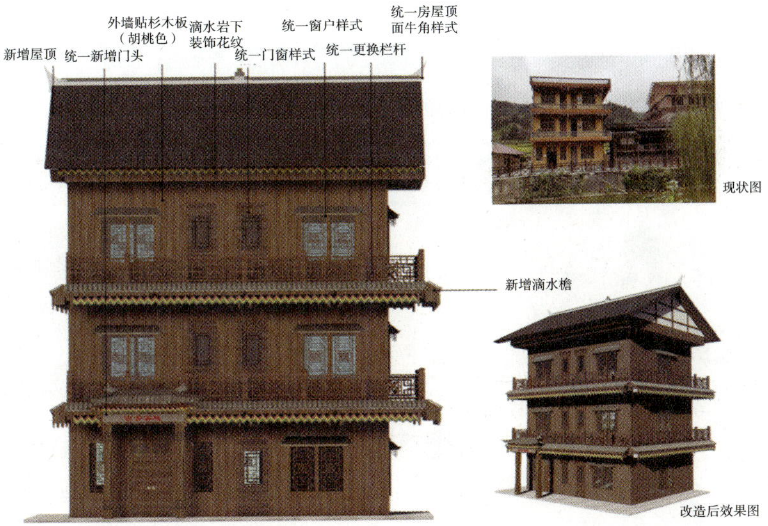

图 8-4-10　民居改造效果图（三）

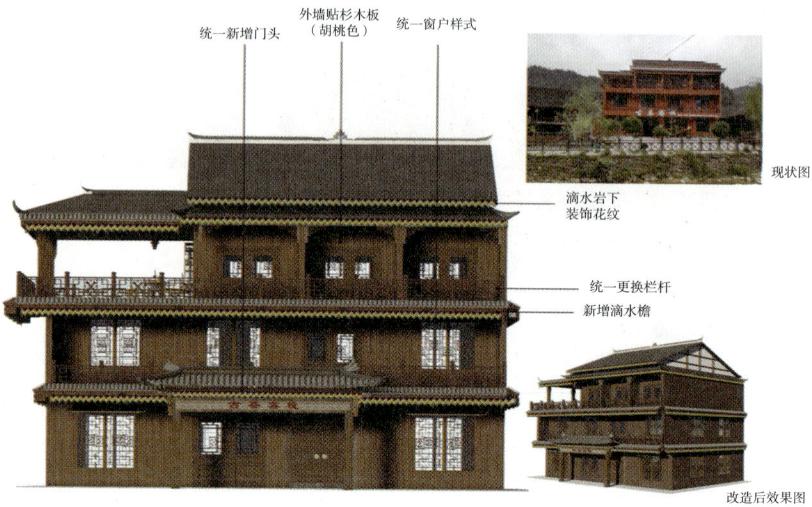

图 8-4-11　民居改造效果图（四）

图 8-4-12　民居改造效果图（五）

结语

梅山传统民居发展与展望

梅山地区的传统民居是当地居民世代智慧的结晶，体现了该地域独特的文化内涵。这些民居不仅展现了高超的建筑技术和丰富多样的装饰艺术，更蕴含了深厚的历史文化积淀和对生态环境的适应性。通过对梅山传统民居的系统研究，得以更加全面地认识和理解这一宝贵的文化遗产。

然而，在现代化进程不断加快、城镇化持续推进以及人们生活方式发生改变的背景下，梅山传统民居面临诸多挑战。传统民居的保护与传承亟需因应时代变迁而提出新的对策。必须采取科学有效的措施，加强对梅山传统民居的保护和合理利用，确保这些珍贵的文化遗产能够世代相传，焕发新的生命力。

未来，应在传承传统的基础上，融合现代科技和设计理念，探索传统民居的创新发展路径。通过对传统民居进行修缮、改造和再利用，赋予其新的功能和内涵，使其更好地适应当代社会的需求。同时，也要高度重视传统民居所蕴含的生态智慧，借鉴其在建筑材料选择、空间布局、通风采光等方面的经验，为现代人居环境的营造提供有益启示。

此外，加强对梅山传统民居的研究和宣传，增强公众的文化遗产保护意识，吸引更多的社会力量参与到传统民居的保护与传承中来，是十分必要的。梅山传统民居是先人留下的宝贵财富，是地域文化的重要载体。肩负着继承和发扬这一文化遗产的重任，在保护传统的同时，要不断创新和发展，让梅山传统民居焕发新的光彩，成为彰显地域文化魅力的璀璨明珠，为建设美丽家园、传承优秀文化作出应有的贡献。

参考文献

［1］刘敦桢．中国古代建筑史［M］．中国建筑工业出版社，1983.

［2］胡彬彬．湖湘建筑［M］．湖南教育出版社，2013.

［3］何重艺．湘西民居［M］．中国建筑工业出版社，1995.

［4］曾明．中国建筑文化与宁夏民居建筑艺术研究［M］．宁夏人民出版社，2019.

［5］韩雷．双重视域下中国传统民居空间认同研究［M］．浙江大学出版社，2018.

［6］孙亚峰．中国传统民居门饰艺术［M］．辽宁美术出版社，2015.

［7］丽水职业技术学院，丽水市水利局，李伟红，等．水韵古村［M］．中国文史出版社，2021.

［8］翟光逵，王薇，翟芸．古建测绘实习教材［M］．东南大学出版社，2021.

［9］马晓．中国古代建筑史纲要［M］．南京大学出版社，2020.

［10］吴屹豪．现代中式住宅［M］．东南大学出版社，2020.

［11］周学鹰，李思洋．中国古代建筑史纲要［M］．南京大学出版社，2020.

［12］卢雪松．文化与生态［M］．武汉理工大学出版社，2018.

［13］赵逵，李纯，丁援．中国建筑简明读本［M］．新华出版社，2016.

［14］孙亚峰．中国传统民居门饰艺术［M］．辽宁美术出版社，2015.

［15］李雨薇．近代外来文化影响下的湖南乡村祠堂建筑研究［D］．湖南大学，2021.

［16］李慧君．明清以来梅山文化圈民间信仰研究［D］．湖南师范大学，2021.

［17］彭智谋．湘南汉族传统村落空间形态及构形特征解析研究［D］．湖南大学，2022.

［18］齐靖．湖南公共文化建筑发展研究［D］．湖南大学，2021.

［19］龙晓露．湘军影响下的晚清湘中地区民居建筑研究［D］．湖南大学，2020.

［20］马珂．基于安化茶旅一体化背景下的梅山环境设计研究［D］．湖南大学，2018.

［21］邓世维．梅山地区文化遗产景区体验式景观设计研究［D］．湖南大学，2017.

［22］罗金阁．梅山地区资江流域传统商业集镇建筑保护与更新［D］．湖南大学，2017.

［23］李旭．多元文化影响下的湖南古代佛教寺院建筑研究［D］．湖南大学，2016.

［24］熊莹．基于梅山非物质文化传承的乡村建筑环境研究［D］．湖南大学，2014.

［25］罗明．湖南清代文教建筑研究［D］．湖南大学，2014.

［26］张鎏．梅山地区旅游文化资源低影响开发的环境设计策略研究［D］．湖南大学，2013.

［27］何峰．湘南汉族传统村落空间形态演变机制与适应性研究［D］．湖南大学，2012.

［28］赵书峰．湖南瑶传道教音乐与梅山文化［D］．中央音乐学院，2011.

［29］周红．湖南沅水流域古镇形态及建筑特征研究［D］．武汉理工大学，2011.

［30］汪峰．长江中游人居景观研究［D］．重庆大学，2010.

［31］夏天，孙聪．文字艺术在空间设计中“文化场”系统的营造：以“寿、廉”为例 记山东省莱西市梅山幸福里小区设计［J］．建筑学报，2023，（09）：119.

［32］王庆宇，吴又进，毛龙江，等．湖南七星墩遗址中红烧土建筑材料的科学分析［J］．文物保护与考古科学，2023，35（02）：136–142.

［33］郑霞，胡希军，陈志勇．皇权与儒圣：湖南官学建筑装饰艺术与文化表达研究［J］．家具与室内装饰，2021，（10）：92–96.

［34］张达，郭红宵，徐上上．湖南传统民居研究的“文化”学术取向与“地理”研究方法［J］．中学地理教学参考，2021，（02）：91–96.

［35］韩磊．梅山文化信仰下绥宁木建筑的民俗内涵研究［J］．美术大观，

2020,（11）: 150–152.

［36］曾正. 梅山民间动物灰塑的艺术特色及审美意蕴［J］. 美术大观，2020,（09）: 146–147.

［37］覃德清. 瑶族《梅山图》《梅山经》的多重文化价值［J］. 广西民族研究，2018,（05）: 153–159.

［38］吴佩，陈希文. 梅山地区干栏式民居建筑探析——以新化为例［J］. 装饰，2017,（09）: 124–125.

［39］何韶瑶，唐成君，刘艳莉，等. 湖南传统村落规划及民居“三重门”安全策略研究［J］. 工业建筑，2017，47（01）: 44–49. DOI : 10.13204/j.gyjz201701009.

［40］马珂，陈飞虎. 梅山地区张五郎木雕艺术特征及文化内涵探究［J］. 装饰，2016,（02）: 118–120.

［41］邹阳，付庆伟. 挖掘、转化、延续——原型优化法在梅山文化主题公园建筑设计中的运用［J］. 装饰，2015,（12）: 85–87.

［42］文友华，范俊芳. 风景区居民系统管理控制模式研究——以湖南崀山风景区民居改造为例［J］. 规划师，2011，27（08）: 67–70.

［43］王晶，吴晓，覃永晖. 湘西北地区新农村民居问题探析——以湖南常德汉寿县陈军堤村为例［J］. 农业考古，2011,（03）: 250–252.

［44］杨建蓉. 湖南通道侗族村寨民居的改造探索［J］. 装饰，2010,（06）: 106–107.

［45］杨建农. 谈梅山民歌“资水滩歌”的艺术美［J］. 艺术评论，2009,（10）: 103–106.

［46］林涛，欧名贤. 湖南地区居住建筑墙体节能设计［J］. 工业建筑，2009，39（07）: 26–28.

［47］林涛. 湖南地区居住建筑窗户节能设计［J］. 工业建筑，2008,（06）: 23–26.

［48］伍国正，余翰武，吴越，等. 传统民居建筑的生态特性——以湖南传统民居建筑为例［J］. 建筑科学，2008,（03）: 129–133.

后　记

本书的出版，是笔者多年来对梅山地区传统民居研究的一个总结与升华。回顾这些年来的研究历程，初衷源自2014年一次偶然的机会。当时，笔者刚回到湖南工作，跟随前往梅山地区进行调研，接触到了当地的传统民居。在那次调研中，笔者被这些民居的独特魅力深深吸引，进而萌生了进一步研究的强烈愿望。自那时起，笔者便开始了对梅山传统民居的系统调查与研究，尽管工作繁忙，但对这一课题的兴趣从未减退，一直断断续续持续至今。

这不仅是个人学术追求的体现，更是对梅山地区传统建筑文化的系统性梳理和记录。在当今快速城镇化的背景下，许多传统民居正面临着消失的危险。通过这本书，笔者希望能为保护和传承这一珍贵的建筑遗产贡献自己的一份力量，同时也为未来的建筑设计提供本土化的灵感源泉。在研究过程中，笔者带领学生团队多次深入新化天门乡土坪村、桃花源、杨氏镇湘中故居等地，进行实地测量、记录，并探索民居的更新和改造设计。这些实践不仅丰富了研究内容，也为学生们提供了宝贵的实践机会，培养了他们对传统建筑的认知和热爱。

回顾这近10年的研究历程，既充满艰辛，又令人欣慰。这本书的完成离不开许多人的支持与付出。首先，要特别感谢我的家人，尤其是我的丈夫杨智先生多次陪同我深入梅山地区进行田野调查，协助采集一手数据。同时，衷心感谢学校领导的信任与支持，是他们提供了宝贵的研究机会，并在关键节点给予专业指导。还要感谢所有参与项目的同事，他们的学术建议和真诚鼓励推动着研究不断深化。项目组每一位成员的辛勤付出，更是这本书得以完成的重要保障。最后，要向所有参与调研的学生们致以谢意，他们的青春活力和创新思维为课题注入了新鲜视角。衷心希望这本书能唤起更多人对传统民居的关注，激发对本土文化的认同与自豪。愿这些凝聚先人智慧的建筑瑰宝能得到更好的保护与传承，在新时代焕发历久弥新的生命力。

作者

2024年8月